电机与拖动基础（第4版）
学习指导

王岩　曹李民　编

清华大学出版社

北京

内 容 简 介

本书为李发海、王岩编写的《电机与拖动基础(第4版)》(清华大学出版社 2012 年出版)一书的配套用书,包括各章的重点与难点以及该教材中全部思考题和习题的解答,可供采用此书作教材的教师备课时参考,也可供学生作学习参考用书。

图书在版编目(CIP)数据

电机与拖动基础(第4版)学习指导/王岩,曹李民编. —北京:清华大学出版社,2012.6(2025.4重印)

ISBN 978-7-302-27811-5

Ⅰ. ①电⋯ Ⅱ. ①王⋯ ②曹⋯ Ⅲ. ①电机-高等学校-教学参考资料 ②电力传动-高等学校-教学参考资料 Ⅳ. ①TM3 ②TM921

中国版本图书馆 CIP 数据核字(2012)第 000080 号

责任编辑: 张占奎
封面设计: 傅瑞学
责任校对: 赵丽敏
责任印制: 沈　露

出版发行: 清华大学出版社
　　　　网　　址:https://www.tup.com.cn,https://www.wqxuetang.com
　　　　地　　址:北京清华大学学研大厦 A 座　　邮　编:100084
　　　　社 总 机:010-83470000　　　　　　　邮　购:010-62786544
　　　　投稿与读者服务:010-62776969,c-service@tup.tsinghua.edu.cn
　　　　质量反馈:010-62772015,zhiliang@tup.tsinghua.edu.cn
印 装 者: 涿州市般润文化传播有限公司
经　　销: 全国新华书店
开　　本: 140mm×203mm　　**印　张:** 6.375　　**字　数:** 158 千字
版　　次: 2012 年 6 月第 1 版　　　　　**印　次:** 2025 年 4 月第 11 次印刷
定　　价: 18.80 元

产品编号:044526-03

目 录

CONTENTS

第 1 章

绪　论

■重点与难点

正确理解磁感应强度、磁通量、磁场强度等物理量及铁磁材料的磁化特性,掌握载流导体在磁场中的安培力及电磁感应定律。

变压器电动势数学表达式的符号因其正方向规定不同而不同,这是难点。

■思考题解答

1.1　通电螺线管电流方向如图 1.1 所示,请画出磁力线方向。

答　向上,图略。

1.2　请画出图 1.2 所示磁场中载流导体的受力方向。

答　垂直导线向右,图略。

1.3　请画出图 1.3 所示运动导体产生感应电动势的方向。

答　从 A 向 B 方向,图略。

1.4　螺线管中磁通与电动势的正方向如图 1.4 所示,当磁通变化时,分别写出它们之间的关系式。

图 1.1

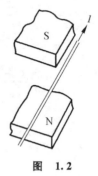

图 1.2

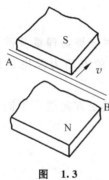

图 1.3

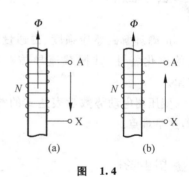

图 1.4

答 (a) $e = N \dfrac{\mathrm{d}\Phi}{\mathrm{d}t}$

(b) $e = -N \dfrac{\mathrm{d}\Phi}{\mathrm{d}t}$

第2章

电力拖动系统动力学

重点与难点

1. 单轴电力拖动系统的转动方程式：各物理量及其正方向规定、方程式及对其理解，动转矩大于、等于或小于零时，系统处于加速、恒速或减速运行状态。

2. 多轴电力拖动系统简化时，转矩与飞轮矩需要折算。具体计算是难点但不是重点。

3. 反抗性和位能性恒转矩负载的转矩特性、风机和泵类负载的转矩特性、恒功率负载的转矩特性。

4. 电力拖动系统稳定运行的充分必要条件。

5. 思考题是重点。

思考题解答

2.1 选择以下各题的正确答案。

(1) 电动机经过速比 $j=5$ 的减速器拖动工作机构，工作机构的实际转矩为 $20\text{ N} \cdot \text{m}$，飞轮矩为 $1\text{ N} \cdot \text{m}^2$，不计传动机构损耗，折算到电动机轴上的工作机构转矩与飞轮矩依次为_____。

    A. $20\text{ N} \cdot \text{m}, 5\text{ N} \cdot \text{m}^2$ B. $4\text{ N} \cdot \text{m}, 1\text{ N} \cdot \text{m}^2$

C. $4\,\mathrm{N\cdot m}$, $0.2\,\mathrm{N\cdot m^2}$ D. $4\,\mathrm{N\cdot m}$, $0.04\,\mathrm{N\cdot m^2}$

E. $0.8\,\mathrm{N\cdot m}$, $0.2\,\mathrm{N\cdot m^2}$ F. $100\,\mathrm{N\cdot m}$, $25\,\mathrm{N\cdot m^2}$

(2) 恒速运行的电力拖动系统中,已知电动机电磁转矩为 $80\,\mathrm{N\cdot m}$,忽略空载转矩,传动机构效率为 0.8,速比为 10,未折算前实际负载转矩应为_____。

A. $8\,\mathrm{N\cdot m}$ B. $64\,\mathrm{N\cdot m}$

C. $80\,\mathrm{N\cdot m}$ D. $640\,\mathrm{N\cdot m}$

E. $800\,\mathrm{N\cdot m}$ F. $1000\,\mathrm{N\cdot m}$

(3) 电力拖动系统中已知电动机转速为 $1000\,\mathrm{r/min}$,工作机构转速为 $100\,\mathrm{r/min}$,传动效率为 0.9,工作机构未折算的实际转矩为 $120\,\mathrm{N\cdot m}$,电动机电磁转矩为 $20\,\mathrm{N\cdot m}$,忽略电动机空载转矩,该系统肯定运行于_____。

A. 加速过程   B. 恒速   C. 减速过程

答 (1) 选择 D。因为转矩折算应根据功率守恒原则。折算到电动机轴上的工作机构转矩等于工作机构实际转矩除以速比,为 $4\,\mathrm{N\cdot m}$;飞轮矩折算应根据动能守恒原则,折算到电动机轴上的工作机构飞轮矩等于工作机构实际飞轮矩除以速比的平方,为 $0.04\,\mathrm{N\cdot m^2}$。

(2) 选择 D。因为电力拖动系统处于恒速运行,所以电动机轴上的负载转矩与电磁转矩相平衡,为 $80\,\mathrm{N\cdot m}$,根据功率守恒原则,实际负载转矩为

$$80\,\mathrm{N\cdot m}\times0.8\times10=640\,\mathrm{N\cdot m}$$

(3) 选择 A。因为工作机构折算到电动机轴上的转矩为

$$\frac{120\,\mathrm{N\cdot m}}{0.9}\times\frac{100\,\mathrm{r/min}}{1000\,\mathrm{r/min}}=\frac{40}{3}\,\mathrm{N\cdot m}$$

小于电动机电磁转矩,故电力拖动系统处于加速运行过程。

2.2 电动机拖动金属切削机床切削金属时,传动机构的损耗由电动机负担还是由负载负担?

答　电动机拖动金属切削机床切削金属时,传动机构的损耗由电动机负担,传动机构损耗转矩 ΔT 与切削转矩对电动机来讲是同一方向的,恒速时,电动机输出转矩 T_2 应等于它们二者之和。

2.3　起重机提升重物与下放重物时,传动机构损耗由电动机负担还是由重物负担? 提升或下放同一重物时,传动机构损耗的转矩一样大吗? 传动机构的效率一样高吗?

答　起重机提升重物时,传动机构损耗转矩 ΔT 由电动机负担;下放重物时,由于系统各轴转向相反,性质为摩擦转矩的 ΔT 方向改变了,而电动机电磁转矩 T 及重物形成的负载转矩方向都没变,因此 ΔT 由重物负担。提升或下放同一重物时,可以认为传动机构损耗转矩的大小 ΔT 是相等的。若把损耗 ΔT 的作用用效率来表示,提升重物时为 η,下放重物时为 η',由于提升重物与下放重物时 ΔT 分别由电动机和负载负担,因此使 $\eta \neq \eta'$,二者之间的关系为 $\eta' = 2 - \dfrac{1}{\eta}$。

2.4　电梯设计时,其传动机构的效率在上升时为 $\eta < 0.5$,请计算 $\eta = 0.4$ 的电梯下降时,其效率是多大? 若上升时,负载转矩的折算值 $T_F = 15\,\text{N}\cdot\text{m}$,则下降时负载转矩的折算值为多少? ΔT 为多大?

答　提升时效率 $\eta = 0.4$,下降时效率

$$\eta' = 2 - \frac{1}{\eta} = 2 - \frac{1}{0.4} = -0.5$$

假设不计传动机构损耗转矩 ΔT 时,负载转矩的折算值为 $\dfrac{T_f}{j}$;若传动机构损耗转矩为 ΔT,电梯下降时的负载转矩折算值为 T_F',则

$$\frac{T_f}{j} = T_F \cdot \eta = 15 \times 0.4 = 6\,\text{N}\cdot\text{m}$$

$$T'_{\text{F}} = \frac{T_{\text{f}}}{j} \cdot \eta' = 6 \times (-0.5) = -3 \text{ N} \cdot \text{m}$$

$$\Delta T = T_{\text{F}} - \frac{T_{\text{f}}}{j} = 15 - 6 = 9 \text{ N} \cdot \text{m}$$

T'_{F} 也可以如下计算：

$$T'_{\text{F}} = T_{\text{F}} - 2\Delta T = 15 - 2 \times 9 = -3 \text{ N} \cdot \text{m}$$

2.5 表 2.1 所列生产机械在电动机拖动下稳定运行时的部分数据，根据表中所给数据，忽略电动机的空载转矩，计算表内未知数据并填入表中。

表 2.1

生产机械	切削力或重物重力/N	切削速度或升降速度/(m/s)	电动机转速 n/(r/min)	传动效率	负载转矩/(N·m)	传动损耗/(N·m)	电磁转矩/(N·m)
刨床	3400	0.42	975	0.80			
起重机	9800	提升 1.4	1200	0.75			
		下降 1.4					
电梯	15 000	提升 1.0	950	0.42			
		下降 1.0					

答 数据见表 2.2。

表 2.2

生产机械	切削力或重物重力/N	切削速度或升降速度/(m/s)	电动机转速 n/(r/min)	传动效率	负载转矩/(N·m)	传动损耗/(N·m)	电磁转矩/(N·m)
刨床	3400	0.42	975	0.80	17.48	3.49	17.48

续表

生产机械	切削力或重物重力/N	切削速度或升降速度/(m/s)	电动机转速 n/(r/min)	传动效率	负载转矩/(N·m)	传动损耗/(N·m)	电磁转矩/(N·m)
起重机	9800	提升1.4	1200	0.75	145.58	36.39	145.58
		下降1.4	1200	0.667	72.8	36.39	72.8
电梯	15 000	提升1.0	950	0.42	359.02	208.23	359.02
		下降1.0	950	−0.381	−57.44	208.23	−57.44

 题解答

2.1 如图 2.1 所示的某车床电力拖动系统,已知切削力 $F=2000\,\mathrm{N}$,工件直径 $d=150\,\mathrm{mm}$,电动机转速 $n=1450\,\mathrm{r/min}$,减速箱的三级速比 $j_1=2$, $j_2=1.5$, $j_3=2$,各转轴的飞轮矩为 $GD_a^2=3.5\,\mathrm{N·m^2}$(指电动机轴),$GD_b^2=2\,\mathrm{N·m^2}$,$GD_c^2=2.7\,\mathrm{N·m^2}$,$GD_d^2=9\,\mathrm{N·m^2}$,各级传动效率都是 $\eta=0.9$,求:

(1) 切削功率;

(2) 电动机输出功率;

(3) 系统总飞轮矩;

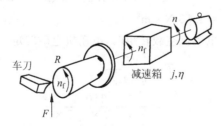

图 2.1

(4) 忽略电动机空载转矩时,电动机电磁转矩;

(5) 车床开车但未切削时,若电动机加速度 $\dfrac{\mathrm{d}n}{\mathrm{d}t}=800$ r/(min·s),忽略电动机空载转矩但不忽略传动机构的转矩损耗,求电动机电磁转矩。

解 (1) 切削功率。

切削负载转矩

$$T_{\mathrm{f}} = F \cdot \frac{d}{2} = 2000 \times \frac{0.15}{2} = 150 \text{ N} \cdot \text{m}$$

负载转速

$$n_{\mathrm{f}} = \frac{n}{j_1 j_2 j_3} = \frac{1450}{2 \times 1.5 \times 2} = 241.7 \text{ r/min}$$

切削功率

$$P_{\mathrm{f}} = \frac{2\pi}{60} n_{\mathrm{f}} T_{\mathrm{f}} = \frac{2\pi}{60} \times 241.7 \times 150 = 3797 \text{ W}$$

(2) 电动机输出功率

$$P_2 = \frac{P_{\mathrm{f}}}{\eta} = \frac{3797}{0.9} = 4218 \text{ W}$$

(3) 系统总飞轮矩

$$GD^2 = GD_{\mathrm{a}}^2 + \frac{GD_{\mathrm{b}}^2}{j_1^2} + \frac{GD_{\mathrm{c}}^2}{(j_1 j_2)^2} + \frac{GD_{\mathrm{d}}^2}{(j_1 j_2 j_3)^2}$$

$$= 3.5 + \frac{2}{2^2} + \frac{2.7}{(2 \times 1.5)^2} + \frac{9}{(2 \times 1.5 \times 2)^2}$$

$$= 4.55 \text{ N} \cdot \text{m}^2$$

(4) 忽略电动机空载转矩时,电动机电磁转矩

$$T = \frac{T_{\mathrm{f}}}{\eta j_1 j_2 j_3}$$

$$= \frac{150}{0.9 \times 2 \times 1.5 \times 2}$$

$$= 27.8 \text{ N} \cdot \text{m}$$

（5）传动机构转矩损耗

$$\Delta T = \frac{T_f}{j_1 j_2 j_3}\left(\frac{1}{\eta}-1\right)$$

$$= \frac{150}{2 \times 1.5 \times 2}\left(\frac{1}{0.9}-1\right)$$

$$= 2.78\ \text{N} \cdot \text{m}$$

电磁转矩

$$T = \Delta T + \frac{GD^2}{375} \cdot \frac{\mathrm{d}n}{\mathrm{d}t}$$

$$= 2.78 + \frac{4.55}{375} \times 800$$

$$= 12.5\ \text{N} \cdot \text{m}$$

2.2 龙门刨床的主传动机构如图 2.2 所示,齿轮 1 与电动机轴直接相连,经过齿轮 2、3、4、5 依次传动到齿轮 6,再与工作台 7 的齿条啮合,各齿轮及运动物体的数据见表 2.3。

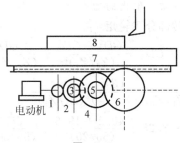

图 2.2

表 2.3

编号	名 称	齿数 Z	重力/N	$GD^2/(\text{N} \cdot \text{m}^2)$
1	齿轮	20		8.25
2	齿轮	55		40.20

续表

编号	名　称	齿数 Z	重力/N	$GD^2/(\text{N}\cdot\text{m}^2)$
3	齿　轮	38		19.60
4	齿　轮	64		56.80
5	齿　轮	30		37.25
6	齿　轮	78		137.20
7	工作台		14 700(即质量为 1500 kg)	
8	工　件		9800(即质量为 1000 kg)	

若已知切削力 $F=9800$ N，切削速度 $v=43$ m/min，传动效率 $\eta=0.8$，齿轮 6 的节距 $t_{k6}=20$ mm，电动机转子飞轮矩 $GD^2=230$ N·m²，工作台与导轨的摩擦系数 $\mu=0.1$。试计算：

(1) 折算到电动机轴上的总飞轮矩及负载转矩（包括切削转矩及摩擦转矩两部分）；

(2) 切削时电动机输出的功率。

解　(1) 旋转部分飞轮矩

$$GD_a^2 = GD^2 + GD_1^2 + \frac{GD_2^2 + GD_3^2}{(Z_2/Z_1)^2} + \frac{GD_4^2 + GD_5^2}{(Z_2/Z_1)^2(Z_4/Z_3)^2}$$

$$+ \frac{GD_6^2}{(Z_2/Z_1)^2(Z_4/Z_3)^2(Z_6/Z_5)^2}$$

$$= 230 + 8.25 + \frac{40.2 + 19.6}{(55/20)^2} + \frac{56.8 + 37.25}{(55/20)^2(64/38)^2}$$

$$+ \frac{137.20}{(55/20)^2(64/38)^2(78/30)^2}$$

$$= 251.49 \text{ N}\cdot\text{m}^2$$

工作台和工件总重量

$$G = 14\,700 + 9800 = 24\,500 \text{ N}$$

切削速度

$$v = 43 \text{ m/min} = 0.72 \text{ m/s}$$

齿轮 6 转速

$$n_6 = \frac{v}{t_{k6}Z_6} = \frac{43}{0.02 \times 78} = 27.56 \text{ r/min}$$

电动机转速

$$n = n_6 \frac{Z_6}{Z_5} \frac{Z_4}{Z_3} \frac{Z_2}{Z_1}$$

$$= 27.56 \times \frac{78}{30} \times \frac{64}{38} \times \frac{55}{20}$$

$$= 331.88 \text{ r/min}$$

直线运动部分飞轮矩

$$GD_b^2 = 365 \frac{Gv^2}{n^2}$$

$$= 365 \times \frac{24\,500 \times 0.72^2}{331.88^2}$$

$$= 42.09 \text{ N} \cdot \text{m}^2$$

总飞轮矩

$$GD^2 = GD_a^2 + GD_b^2$$

$$= 251.49 + 42.09$$

$$= 293.58 \text{ N} \cdot \text{m}^2$$

工作台及工件与导轨的摩擦力

$$f = (G_1 + G_2)\mu$$

$$= (14\,700 + 9800) \times 0.1$$

$$= 2450 \text{ N}$$

折算到电机轴上的负载转矩

$$T_F = 9.55 \frac{(F + f)v}{\eta n}$$

$$= 9.55 \times \frac{(9800 + 2450) \times 0.72}{0.8 \times 331.88}$$

$$= 317.25 \text{ N} \cdot \text{m}$$

（2）切削时电动机输出的功率

$$P_2 = T_F \cdot \Omega = 317.25 \times \frac{2\pi}{60} \times 331.88$$

$$= 11\,020\,\text{W} = 11.02\,\text{kW}$$

2.3 起重机的传动机构如图 2.3 所示，图中各部件的数据见表 2.4。已知起吊速度为 12 m/min，起吊重物时传动机构效率 $\eta = 0.7$。试计算：

（1）折算到电动机轴上的系统总飞轮矩；

（2）重物吊起及下放时折算到电动机轴上的负载转矩，其中重物、导轮 8 及吊钩三者的转矩折算值及传动机构损耗转矩；

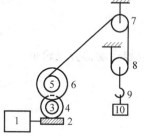

图　2.3

（3）空钩吊起及下放时折算到电动机轴上的负载转矩，其中导轮 8 与吊钩的转矩折合值为多少？传动机构损耗转矩为多少（可近似认为吊重物与不吊重物时，传动机构损耗转矩相等）？

表　2.4

编号	名　称	齿数 Z	$GD^2/(\text{N} \cdot \text{m}^2)$	重力/N	直径/mm
1	电动机		5.59		
2	蜗　杆	双头	0.98		
3	齿　轮	15	2.94		
4	蜗　轮	30	17.05		
5	卷　筒		98.00		500
6	齿　轮	65	294.00		
7	导　轮		3.92		150

续表

编号	名　称	齿数 Z	$GD^2/(\text{N}\cdot\text{m}^2)$	重力/N	直径/mm
8	导　轮		3.92	87	150
9	吊　钩			490	
10	重物(负载)			19 600	

解 (1) 系统总飞轮矩的计算。

旋转运动部分飞轮矩

$$GD_a^2 = GD_1^2 + GD_2^2 + \frac{GD_3^2 + GD_4^2}{\left(\dfrac{Z_4}{Z_2}\right)^2}$$

$$+ \frac{GD_5^2 + GD_6^2}{\left(\dfrac{Z_4}{Z_2}\dfrac{Z_6}{Z_3}\right)^2} + \frac{GD_7^2 + GD_8^2}{\left(\dfrac{Z_4}{Z_2}\dfrac{Z_6}{Z_3}\dfrac{D_7}{D_5}\right)^2}$$

$$= 5.59 + 0.98 + \frac{2.94 + 17.05}{\left(\dfrac{30}{2}\right)^2}$$

$$+ \frac{98 + 294}{\left(\dfrac{30}{2}\times\dfrac{65}{15}\right)^2} + \frac{3.92 + 3.92}{\left(\dfrac{30}{2}\times\dfrac{65}{15}\times\dfrac{0.15}{0.5}\right)^2}$$

$$= 5.59 + 0.98 + 0.089 + 0.093 + 0.021$$

$$= 6.773\ \text{N}\cdot\text{m}^2$$

重物、吊钩及导轮8的总重量

$$G_z = G_{10} + G_9 + G_8 = 19\,600 + 490 + 87 = 20\,177\ \text{N}$$

提升速度给定为

$$v_z = 12\ \text{m/min} = 0.2\ \text{m/s}$$

绳索的速度

$$v = 2v_z = 24\ \text{m/min}$$

卷筒外圆线速度

$$v_5 = v = 24 \text{ m/min}$$

卷筒转速

$$n_5 = \frac{v_5}{\pi D_5} = \frac{24}{\pi \times 0.5} = 15.3 \text{ r/min}$$

电动机转速

$$n = n_5 \frac{Z_6}{Z_3} \frac{Z_4}{Z_2} = 15.3 \times \frac{65}{15} \times \frac{30}{2} = 993 \text{ r/min}$$

于是得直线运动部分飞轮矩

$$GD_b^2 = 365 \frac{G_z v_z^2}{n^2}$$

$$= 365 \times \frac{20\,177 \times 0.2^2}{993^2}$$

$$= 0.299 \text{ N} \cdot \text{m}^2$$

所以折算到电动机轴上系统总飞轮矩

$$GD^2 = GD_a^2 + GD_b^2 = 6.773 + 0.299 = 7.072 \text{ N} \cdot \text{m}^2$$

(2) 重物吊起及下放时折算到电动机轴上的负载转矩计算。

重物吊起时,负载转矩折算值

$$T_L = 9.55 \frac{G_z v_z}{\eta n}$$

$$= 9.55 \times \frac{20\,177 \times 0.2}{993 \times 0.7}$$

$$= 55.44 \text{ N} \cdot \text{m}$$

重物、导轮 8 及吊钩三者转矩折算值为

$$T_L' = 9.55 \frac{G_z v_z}{n} = 9.55 \times \frac{20\,177 \times 0.2}{993} = 38.81 \text{ N} \cdot \text{m}$$

所以传动机构损耗转矩为

$$\Delta T = T_L - T_L' = 55.44 - 38.81 = 16.63 \text{ N} \cdot \text{m}$$

重物下放时,负载转矩折算值

$$T''_L = T_L - 2\Delta T = 55.44 - 2 \times 16.63 = 22.18 \text{ N} \cdot \text{m}$$

（3）空钩吊起及下放时折算到电动机轴上的负载转矩计算。

空钩吊起时负载转矩

$$T_{L0} = T_{L8,9} + \Delta T = 1.11 + 16.63 = 17.74 \text{ N} \cdot \text{m}$$

空钩下放时负载转矩

$$T'_{L0} = T_{L8,9} - \Delta T = 1.11 - 16.63 = -15.52 \text{ N} \cdot \text{m}$$

第 3 章

直流电机原理

重点与难点

1. 直流电机工作原理中最重要的是换向器的作用,无论是发电机还是电动机,电枢绕组内电流是交流,电刷之外电流是直流。发电机发出的是直流电,电动机绕组线圈产生同方向电磁转矩。

2. 直流电动机的额定容量及额定输出转矩分别为

$$P_N = U_N I_N \eta_N$$

$$T_{2N} = 9.55 \frac{P_N}{n_N}$$

3. 直流电机电枢绕组种类及联接比较复杂,是难点但不是重点。

4. 直流电机的电枢电动势和电磁转矩分别为

$$E_a = C_e \Phi n$$

$$T = C_t \Phi I_a$$

其中 C_e 和 C_t 两个常数大小由电机结构决定,而电动势方向由电机转向和主磁场方向决定,电磁转矩方向由电机转向和电流方向决定,对各种励磁方式的直流发电机改变电压方向、对各种励磁方式的直流电动机改变转向时,都要加以考虑。

5. 他励直流发电机稳态运行时的基本方程式与功率关系。

6. 直流电机的可逆原理。

7. 他励直流电动机稳态运行时的基本方程式与功率关系。

8. 他励直流电动机固有机械特性：表达式、特性曲线及其特点。这是本章重点中的重点，要求根据电机额定数据熟练计算其固有机械特性，见例题 3-8～例题 3-10。

9. 他励直流电动机电枢回路串电阻、改变电枢电压、减弱磁通三种人为机械特性的特点及计算。

10. 串励、复励直流电动机机械特性的特点。

11. 直流电机换向极位置及换向极绕组电流。

思 考题解答

3.1 换向器在直流电机中起什么作用？

答 在直流发电机中，换向器起整流作用，即把电枢绕组里的交流电整流为直流电，在正、负电刷两端输出。在直流电动机中，换向器起逆变作用，即把电刷外电路中的直流电经换向器逆变为交流电输入电枢元件中。

3.2 直流电机的主磁极和电枢铁心都是电机磁路的组成部分，但其冲片材料一个用薄钢板，另一个用硅钢片，这是为什么？

答 在直流电机中，励磁绕组装在定子的主磁极上，当励磁绕组通入直流励磁电流并保持不变时，产生的主磁通相对于主磁极是静止不变的，因此在主磁极中不会产生感应电动势和感应电流（即涡流），就不会有涡流损耗，所以主磁极材料用薄钢板。但是转动着的电枢磁路却与主磁通之间有相对运动，于是在电枢铁心中会产生感应电动势和感应电流（即涡流），产生涡流损耗。另外，电枢中还会产生因磁通交变形成的磁滞损耗。为了减少电枢铁心损耗，常用而又行之有效的办法就是利用硅钢片叠装成直流电机的电枢铁心。为了进一步减小涡流损耗，把硅钢片表面涂上绝缘漆，进一步阻碍涡流通过。

3.3 直流电机铭牌上的额定功率是指什么功率？

答　直流电机铭牌上的额定功率指的是直流电机工作在满负荷下的输出功率。对直流发电机而言,指的是输出的电功率;对直流电动机而言,指的是电动机轴上输出的机械功率。

3.4 直流电机主磁路包括哪几部分？磁路未饱和时,励磁磁通势主要消耗在哪一部分？

答　直流电机的主磁路由以下路径构成:主磁极 N 经定、转子间的空气隙进入电枢铁心,再从电枢铁心出来经定、转子间的空气隙进入相邻的主磁极 S,经定子铁心磁轭到达主磁极 N,构成闭合路径。磁路未饱和时,铁的导磁率是空气的几百到上千倍,所以尽管定转子间的空气隙很小,但磁阻比磁路中的铁心部分大得多,所以,励磁磁通势主要消耗在空气隙上。

3.5 填空。

(1) 直流电机单叠绕组的支路对数等于＿＿＿＿＿,单波绕组的支路对数等于＿＿＿＿＿。

(2) 为了使直流电机正、负电刷间的感应电动势最大,只考虑励磁磁场时,电刷应放置在＿＿＿＿＿。

答　(1) 直流电机单叠绕组的支路对数等于主磁极对数,单波绕组的支路对数等于1。

(2) 为了使直流电机正、负电刷间的感应电动势最大,只考虑励磁磁场时,电刷应放置在对准主磁极中心线换向器的表面。

3.6 说明下列情况下无载电动势的变化:

(1) 每极磁通减少 10%,其他不变;

(2) 励磁电流增大 10%,其他不变;

(3) 电机转速增加 20%,其他不变。

答　根据直流电机感应电动势与主磁通的大小成正比,与电机转速成正比的关系,可得出以下结论:

（1）每极磁通减小 10％,其他不变时,感应电动势减小 10％;

（2）励磁电流增大 10％,其他不变时,假定磁路不饱和,则每极磁通量增大 10％,因此感应电动势增大 10％;

（3）电机转速增加 20％,其他不变时,感应电动势增加 20％。

3.7 主磁通既链着电枢绕组又链着励磁绕组,为什么却只在电枢绕组里产生感应电动势?

答 直流电机在稳态运行时,主磁通相对于励磁绕组是静止的,所以在励磁绕组中不会产生感应电动势。由于电枢在旋转,主磁通与电枢绕组之间有相对运动,所以会在电枢绕组中产生感应电动势。这里电枢绕组中的感应电动势,实际是指电枢中各导体感应电动势。至于正、负电刷间的感应电动势,即电枢电动势,也就是支路电动势,还要看正、负电刷放在换向器表面上的什么位置。位置放得合适,电枢电动势可达最大值;放得不合适,在相同的情况下,电枢电动势可以为零。

3.8 指出直流电机中以下哪些量方向不变,哪些量是交变的:

（1）励磁电流;

（2）电枢电流;

（3）电枢感应电动势;

（4）电枢元件感应电动势;

（5）电枢导条中的电流;

（6）主磁极中的磁通;

（7）电枢铁心中的磁通。

答 （1）励磁电流是直流电流,不交变;

（2）电枢电流指的是电刷端口处的总电流,为直流电流,不交变;

（3）电枢感应电动势指的是电刷端口处的总感应电动势,为直流电动势,不交变;

（4）电枢元件有效导体不断交替切割 N 极磁力线和 S 极磁力线,产生感应电动势为交流电动势;

（5）电枢导条中的电流为交变电流,对发电机而言,导条中的交变感应电动势经换向器、电刷、外电路构成闭合回路,形成电枢导条交流电流;对电动机而言,电枢端电流经电刷、换向器进入电枢导条,形成交变电流;

（6）励磁绕组通入直流励磁电流形成主磁通,显然主磁极中的磁通不交变;

（7）主磁通本身不交变,但电枢铁心的旋转使得电枢铁心中的任意一点都经历着交变的磁通,所以电枢铁心中的磁通为交变磁通。

3.9　如何改变他励直流发电机的电枢电动势的方向? 如何改变他励直流电动机空载运行时的转向?

答　通过改变他励直流发电机励磁电流的方向,继而改变主磁通的方向,即可改变电枢电动势的方向;也可以通过改变他励直流发电机的旋转方向来改变电枢电动势的方向。

通过改变励磁电流的方向,继而改变主磁通的方向,即可改变他励直流电动机旋转方向;也可通过改变电枢电压的极性来改变他励直流电动机的旋转方向。

3.10　电磁功率代表了直流发电机中的哪一部分功率?

答　在直流发电机中,电磁功率指的是由机械功率转化为电功率的这部分功率。

3.11　一台他励直流发电机由额定运行状态转速下降到原来的 60%,而励磁电流、电枢电流都不变,则_____。

A. E_a 下降到原来的 60%

B. T 下降到原来的 60%

C. E_a 和 T 都下降到原来的 60%

D. 端电压下降到原来的 60%

答　直流电机的感应电动势与每极磁通量 Φ 成正比,与电机转速 n 成正比,即 $E_a = C_e\Phi n$。当励磁电流、电枢电流都不变时,每极磁通量 Φ 不变,当转速下降到原来的 60% 时,E_a 也下降到原来的 60%,故选择 A。

3.12　直流发电机的损耗主要有哪些? 铁损耗存在于哪一部分,它随负载变化吗? 电枢铜损耗随负载变化吗?

答　直流发电机的损耗主要有:(1)励磁绕组铜损耗;(2)机械摩擦损耗;(3)铁损耗;(4)电枢铜损耗;(5)电刷损耗;(6)附加损耗。

铁损耗是指电枢铁心在磁场中旋转时硅钢片中的磁滞和涡流损耗。这两种损耗与磁密大小以及交变频率有关。当电机的励磁电流和转速不变时,铁损耗也几乎不变。它与负载的变化几乎没有关系。

电枢铜损耗由电枢电流引起,当负载增加时,电枢电流同时增加,电枢铜损耗随之增加。电枢铜损耗与电枢电流的平方成正比。

3.13　他励直流电动机的电磁功率指什么?

答　他励直流电动机的电磁功率指的是由电功率转化为机械功率的这部分功率。

3.14　不计电枢反应,他励直流电动机机械特性为什么是下垂的? 如果电枢反应去磁作用很明显,对机械特性有什么影响?

答　当他励电动机励磁电流一定,又不计电枢反应时,电机每极磁通量保持不变。负载转矩增加将导致电枢电流正比规律增加,使电枢感应电动势减小,表现为转速下降。在机械特性上呈现出特性曲线下垂。如果电枢反应去磁作用很明显,负载转矩增大会使电枢感应电动势 E_a 降低,同时也使每极磁通量 Φ 减小。根据 $E_a = C_e\Phi n$,当 Φ 比 E_a 下降的速度更快时,反而使转速 n 有所增大,在机械特性上呈现出曲线上翘。

3.15 他励直流电动机运行在额定状态,如果负载为恒转矩负载,减小磁通,电枢电流是增大、减小还是不变?

答 他励直流电动机的电磁转矩克服机械摩擦等转矩总是要和负载转矩相平衡。电磁转矩的大小与主磁通的大小成正比,与电枢电流大小成正比。当负载为恒转矩负载时,电磁转矩基本不变,因此减小磁通,将使电枢电流增大。

3.16 如何解释他励直流电动机机械特性硬、串励直流电动机机械特性软?

答 他励直流电动机在励磁电流一定的情况下,主磁通 Φ 基本不变。当负载转矩增大时,电枢电流随之成正比增加。根据电枢回路电压方程 $E_a = U - R_a I_a$,由于电枢电阻 R_a 比较小,感应电动势 E_a 有所减小,但减小量不大。又根据 $E_a = C_e \Phi n$,转速 n 减小不大表现为机械特性较硬。

串励直流电动机的电枢电流 I_a 也就是励磁电流 I_f。在电机磁路为线性的情况下,励磁电流 I_f 与气隙每极磁通量 Φ 成正比变化,即随着电枢电流 I_a 的增大,磁通 Φ 也在正比地增大。根据电磁转矩 $T = C_t \Phi I_a$,可见,当电磁转矩 T 增大时,电枢电流 I_a 与磁通 Φ 都增大。电枢电流 I_a 是由电源供给的,应满足电压方程 $U = E_a + I_a R'_a$(R'_a 是电枢回路总电阻,包括串励绕组的电阻),但 $E_a = C_e \Phi n$。在 U 为常数的条件下,要想 I_a 增大,E_a 必须减小,即转速 n 下降,但 I_a 增大的同时,Φ 也增大,这就要求转速 n 下降得更多。这就说明了串励直流电动机的机械特性是软特性,即电磁转矩 T 增大时,转速下降得更快些。

3.17 改变并励直流电动机电源的极性能否改变它的转向?为什么?

答 根据并励直流电动机电枢与励磁绕组的连接特点,改变电源的极性使电枢电流 I_a 反方向,同时也使励磁电流反方向,使主磁场极性改变。根据电磁转矩与主磁通 Φ 和电枢电流 I_a 关系

为 $T = C_t \Phi I_a$,当 Φ 和 I_a 同时改变方向时,电磁转矩仍维持原来的方向不变。因此,改变并励直流电动机电源的极性不能改变电机的旋转方向。

3.18 改变串励直流电动机电源的极性能否改变它的转向?为什么?

答 串励电动机的电枢与励磁绕组串联。改变电源极性将使电枢电流和励磁电路同时改变方向,主磁通 Φ 也改变方向。根据 $T = C_t \Phi I_a$,当 Φ 和 I_a 同时改变方向时,T 的方向仍保持不变。所以改变串励直流电动机电源的极性不能改变电机的旋转方向。

3.19 一台直流电动机运行在电动机状态时换向极能改善换向,运行在发电机状态后还能改善换向吗?

答 当一台直流电动机由电动状态转为发电状态运行时,电枢电流改变方向,传电枢反应磁场方向改变。由于换向极绕组与电枢串联,因此换向极磁场方向也发生改变,换向极磁场仍能抵消电枢反应磁场的作用。所以当电动机由电动状态转为发电状态运行时,换向极仍能改善换向。

3.20 换向极的位置在哪里?极性应该怎样?流过换向极绕组的电流是什么电流?

答 换向极应放置在相邻主磁极的几何中心线上,极数与主磁极数相等,极性与电枢反应磁场方向相反。换向极的励磁绕组应与电枢串联,流过换向极绕组的电流就是电枢电流,使换向极磁场的强弱与电枢反应磁场同步变化,抵消电枢反应磁场的作用。

习 题解答

3.1 某他励直流电动机的额定数据为:$P_N = 17 \text{ kW}, U_N = 220 \text{ V}, n_N = 1500 \text{ r/min}, \eta_N = 0.83$。计算 I_N, T_{2N} 及额定负载时的 P_{1N}。

解 （1）额定电流

$$I_N = \frac{P_N}{\eta_N \cdot U_N} = \frac{17\ 000}{0.83 \times 220} = 93.1\ A$$

（2）额定输出转矩

$$T_{2N} = 9550\frac{P_N}{n_N} = 9550 \times \frac{17}{1500} = 108.2\ N \cdot m$$

（3）额定输入功率

$$P_{1N} = \frac{P_N}{\eta_N} = \frac{17}{0.83} = 20.5\ kW$$

3.2 已知直流电机的极对数 $p=2$，虚槽数 $Z_e=22$，元件数及换向片数均为22，连成单叠绕组。计算绕组各节距，画出展开图及磁极和电刷的位置，并求并联支路数。

解 （1）极距

$$\tau = \frac{Z_e}{2p} = \frac{22}{4} = 5.5$$

（2）第一节距

$$y_1 = 5 \quad 短距$$

（3）合成节距 y 和换向器节距 y_K

$$y = y_K = 1$$

（4）第二节距

$$y_2 = y_1 - y = 5 - 1 = 4$$

（5）并联支路数

$$2a = 2p = 4$$

绕组展开图略。

3.3 一台直流电机的极对数 $p=3$，单叠绕组，电枢总导体数 $N=398$，气隙每极磁通 $\Phi=2.1 \times 10^{-2}$ Wb，当转速分别为 1500 r/min 和 500 r/min 时，求电枢感应电动势的大小。若电枢电流 $I_a=10$ A，磁通不变，电磁转矩是多大？

解 单叠绕组的并联支路对数

$$a = p = 3$$

电动势系数

$$C_e = \frac{P_N}{60a} = \frac{3 \times 398}{60 \times 3} = 6.633$$

转矩系数

$$C_t = \frac{P_N}{2\pi a} = \frac{3 \times 398}{2\pi \times 3} = 63.34$$

当转速为 1500 r/min 时,电枢感应电动势

$$E_a = C_e \Phi n = 6.633 \times 2.1 \times 10^{-2} \times 1500 = 209 \text{ V}$$

当转速为 500 r/min 时,电枢感应电动势

$$E_a' = C_e \Phi n' = 6.633 \times 2.1 \times 10^{-2} \times 500 = 69.6 \text{ V}$$

当电枢电流 $I_a = 10$ A 时,电磁转矩

$$T = C_t \Phi I_a = 63.34 \times 2.1 \times 10^{-2} \times 10 = 13.3 \text{ N} \cdot \text{m}$$

3.4 某他励直流电动机的额定数据为:$P_N = 6$ kW,$U_N = 220$ V,$n_N = 1000$ r/min,$p_{Cua} = 500$ W,$p_0 = 395$ W。计算额定运行时电动机的 T_{2N},T_0,T_N,P_M,η_N 及 R_a。

解 额定输出转矩

$$T_{2N} = 9550 \frac{P_N}{n_N} = 9550 \times \frac{6}{1000} = 57.3 \text{ N} \cdot \text{m}$$

空载转矩

$$T_0 = 9.55 \frac{p_0}{n_N} = 9.55 \times \frac{395}{1000} = 3.77 \text{ N} \cdot \text{m}$$

额定电磁转矩

$$T_N = T_{2N} + T_0 = 57.3 + 3.77 = 61.1 \text{ N} \cdot \text{m}$$

额定电磁功率

$$P_M = P_N + p_0 = 6 + 0.395 = 6.395 \text{ kW}$$

额定输入功率

$$P_{1N} = P_M + p_{Cua} = 6.395 + 0.5 = 6.895 \text{ kW}$$

额定效率

$$\eta_N = \frac{P_N}{P_{1N}} \times 100\% = \frac{6}{6.895} \times 100\% = 87.1\%$$

额定电枢电流

$$I_a = \frac{P_{1N}}{U_N} = \frac{6895}{220} = 31.3\ \text{A}$$

电枢电阻

$$R_a = \frac{p_{Cua}}{I_a^2} = \frac{500}{31.3^2} = 0.510\ \Omega$$

3.5 有两台完全一样的并励直流电动机 $U_N = 230$ V, $n_N = 1200$ r/min, $R_a = 0.1\ \Omega$。在 $n = 1000$ r/min 时,空载特性上的数据分别为 $I_f = 1.3$ A, $E_0 = 186.7$ V 和 $I_f = 1.4$ A, $E_0 = 195.9$ V。现将这两台电机的电枢绕组、励磁绕组都接在 230 V 的电源上(极性正确),并且两台电机转轴连在一起,不拖动任何负载。当 $n = 1200$ r/min 时,第 1 台电机励磁电流为 1.4 A,第 2 台励磁电流为 1.3 A。判断哪一台是发电机,哪一台是电动机。并求运行时总损耗。

解 (1)已知空载特性与转速成正比,当两台电机运行在 $n = 1200$ r/min 时,甲台电机的电动势 $E_{a甲}$ 为

$$E_{a甲} = \frac{195.9}{1000} \times 1200 = 235\ \text{V}$$

乙台电机的电动势 E_{aZ} 为

$$E_{aZ} = \frac{186.7}{1000} \times 1200 = 224\ \text{V}$$

可见 $E_{a甲} > U_N$,所以甲为发电机,乙为电动机。

(2)甲台电机电枢电流 $I_{a甲}$(用电动机惯例)为

$$I_{a甲} = \frac{U_N - E_{a甲}}{R_a} = \frac{230 - 235}{0.1} = -50\ \text{A}$$

乙台电机电枢电流 I_{aZ} 为

$$I_{aZ} = \frac{U_N - E_{aZ}}{R_a} = \frac{230 - 224}{0.1} = 60\ \text{A}$$

运行时总损耗 $\sum p$ 为

$$\sum p = U_N I_{aZ} - U_N I_{a甲}$$
$$= 230 \times 60 - 230 \times 50$$
$$= 2300 \text{ W}$$

3.6 某他励直流电动机的额定数据为：$P_N = 54 \text{ kW}, U_N = 220 \text{ V}, I_N = 270 \text{ A}, n_N = 1150 \text{ r/min}$。估算额定运行时的 E_{aN}，再计算 $C_e\Phi_N, T_N, n_0$，最后画出固有机械特性。

解 （1）根据额定容量知，这台电动机属于中等容量电机，取

$$E_{aN} = 0.95U_N = 0.95 \times 220 = 209 \text{ V}$$

（2）$C_e\Phi_N$ 的计算

$$C_e\Phi_N = \frac{E_{aN}}{n_N} = \frac{209}{1150} = 0.1817$$

（3）$C_t\Phi_N$ 的计算

$$C_t\Phi_N = 9.55C_e\Phi_N = 9.55 \times 0.1817 = 1.735$$

（4）额定电磁转矩 T_N 的计算

$$T_N = C_t\Phi_N I_N = 1.735 \times 270 = 468.5 \text{ N·m}$$

（5）理想空载转速 n

$$n_0 = \frac{U_N}{C_e\Phi_N} = \frac{220}{0.1817} = 1211 \text{ r/min}$$

（6）固有机械特性上的两个特殊点如下：

理想空载点(1211 r/min，0 N·m)

额定工作点(1150 r/min，468.5 N·m)

机械特性曲线略。

3.7 某他励直流电动机的额定数据为：$P_N = 7.5 \text{ kW}, U_N = 220 \text{ V}, I_N = 40 \text{ A}, n_N = 1000 \text{ r/min}, R_a = 0.5 \ \Omega$。拖动 $T_L = 0.5T_N$ 恒转矩负载运行时，电动机的转速及电枢电流是多大？

解 （1）电枢电流 I_a 的计算。

当拖动额定负载时，有

$$T_N = C_t \Phi_N I_N$$

当负载转矩 $T_L = 0.5T_N$ 时,有

$$0.5T_N = C_t \Phi_N I_a$$

比较两式,得

$$I_a = 0.5I_N = 0.5 \times 40 = 20 \text{ A}$$

(2) 转速 n 的计算。

额定运行时,感应电动势

$$E_{aN} = U_N - R_a I_N = 220 - 0.5 \times 40 = 200 \text{ V}$$

负载 $T_L = 0.5T_N$ 时,感应电动势

$$E_a = U_N - R_a I_a = 220 - 0.5 \times 20 = 210 \text{ V}$$

转速

$$n = \frac{E_a}{E_{aN}} n_N = \frac{210}{200} \times 1000 = 1050 \text{ r/min}$$

3.8 画出习题 3.6 中那台电动机电枢回路串入 $R = 0.1R_a$ 和电压降到 $U = 150$ V 的两条人为机械特性。

解 (1) 电枢电阻

$$R_a = \frac{U_N - E_{aN}}{I_N} = \frac{220 - 209}{270} = 0.0407 \text{ } \Omega$$

(2) 串入电阻 $R = 0.1R_a$ 的人为机械特性。

理想空载转速不变,为

$$n_0 = 1211 \text{ r/min}$$

额定电磁转矩 T_N 下的转速 n 的计算

$$n = \frac{U_N - (R + R_a)I_N}{C_e \Phi_N}$$

$$= \frac{220 - 1.1 \times 0.0407 \times 270}{0.1817}$$

$$= 1144 \text{ r/min}$$

得人为机械特性上的两个特殊点如下:

理想空载点 1211 r/min,0 N·m

额定负载工作点 1144 r/min,468.5 N·m

特性曲线略。

(3) 电压降到 $U=150$ V 的人为机械特性。

理想空载转速

$$n_0 = \frac{U}{C_e \Phi_N} = \frac{150}{0.1817} = 825.5 \text{ r/min}$$

额定转矩时的转速

$$n = \frac{U - R_a I_N}{C_e \Phi_N} = \frac{150 - 0.0407 \times 270}{0.1817} = 765.1 \text{ r/min}$$

得人为机械特性上的两个特殊点如下：

理想空载点 825.5 r/min,0 N·m

额定负载工作点 765.1 r/min,468.5 N·m

特性曲线略。

第 4 章

他励直流电动机的运行

重点与难点

1. 直流电动机一般不能直接启动,并且励磁回路不许串入电阻,更不能断路。

2. 他励直流电动机电枢回路串电阻和降电压启动的计算。

3. 他励直流电动机电枢串电阻调速、降电压调速、弱磁调速三种方法的机械特性及其计算。

4. 恒转矩调速与恒功率调速的概念是个难点。电枢回路串电阻调速和降电压调速是恒转矩调速,弱磁调速是恒功率调速,指的是电枢电流为额定值不变时,不同转速下电动机的电磁转矩不变或电磁功率不变,是电动机的能力。实际运行时应该考虑电动机的负载情况选择与之匹配的调速方法。

5. 他励直流电动机三种调速方法的调速范围及静差率的计算,三种方法的性能比较。

6. 他励直流电动机正、反向电动运行的机械特性及功率关系。

7. 他励直流电动机能耗制动过程、反接制动过程的机械特性、功率关系及制动电阻的计算。

8. 他励直流电动机能耗制动运行、倒拉反转运行的条件、机械特性、功率关系及稳态运行点的计算。

9. 他励直流电动机正向、反向回馈制动运行的特点、机械特性、功率关系及稳态运行点的计算。

10. 他励直流电动机四象限运行及其计算是重点中的重点。本章例题 4-1～例题 4-7 七个例题要熟练掌握。

11. 他励直流电动机各种启动与制动过程中电机转速、电磁转矩及电枢电流都是按照指数规律从起始值变化到稳态值,按照一阶微分方程过渡过程三要素的方法进行分析和画出它们的变化曲线。定性分析是重点,定量计算不是重点,虚稳态点是难点也是重点。

12. 思考题 4.8 是难点也是重点。

思 考题解答

4.1 一般的他励直流电动机为什么不能直接启动?采用什么启动方法比较好?

答 他励直流电动机启动时由于电枢感应电动势 $E_a = C_e \Phi n = 0$,最初启动电流 $I_S = \dfrac{U}{R_a}$,若直接启动,由于 R_a 很小,I_S 会十几倍甚至几十倍于额定电流,无法换向,同时也会过热,因此不能直接启动。比较好的启动方法是降低电源电压启动,只要满足 $T \geqslant (1.1 \sim 1.2) T_L$ 即可启动,这时 $I_S \leqslant I_{amax}$。启动过程中,随着转速不断升高逐渐提高电源电压,始终保持 $I_a \leqslant I_{amax}$ 这个条件,直至 $U = U_N$,启动便结束了。如果通过自动控制使启动过程中始终有 $I_a = I_{amax}$ 为最理想。

4.2 他励直流电动机启动前,励磁绕组断线,启动时,在下面两种情况下会有什么后果:

(1) 空载启动;

(2) 负载启动,$T_L = T_N$。

答 他励直流电动机励磁绕组断线,启动过程中磁通则为剩磁磁通,比 Φ_N 小很多。

(1) 空载启动

当最初启动电流 $I_S \leqslant I_{a max}$ 时,启动转矩 T_S 就会比空载转矩 M_0 大很多,因此电动机可以启动,但启动过程结束后的稳态转速则非常高,因为稳定运行时要满足 $E_a \approx U_N$,$E_a = C_e \Phi n$,Φ 很小,n 就很高,机械强度不允许,电动机会损坏。

(2) 负载启动,$T_L = T_N$

当 $I_a \leqslant I_{a max}$ 时,电磁转矩比负载转矩 T_L 小,电动机不启动。这样如果采用降压启动时,电源电压继续上升,电枢电流继续增大,电磁转矩 T 继续增大,从动转矩来讲会达到大于 $1.1T_N$,但是由于 Φ 很小,会使电枢电流远远超过 $I_{a max}$,不能换向,同时也会由于过热而损坏电动机。当然,用电枢串电阻启动的结果也相同。

4.3 图 4.1 所示为一台空载并励直流电动机的接线,已知按图(a)接线时电动机顺时针启动,请标出按图(b)、(c)、(d)接线时,电动机的启动方向。

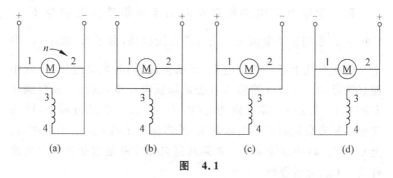

图　4.1

答　直流电机的电磁转矩 $T = C_t \Phi I_a$。按图(b)接线时,主磁通 Φ 改变方向,电枢电流也改变方向,所以电磁转矩 T 方向不变,故电机顺时针启动;按图(c)接线时,主磁通 Φ 改变方向,电枢电流方向不变,所以电磁转矩 T 改变方向,故电机逆时针启动;按图(d)接线时,主磁通 Φ 方向不变,电枢电流改变方向,所以电磁转矩 T 改变方向,故电机逆时针启动。

4.4 判断下列各结论是否正确。

(1) 他励直流电动机降低电源电压调速属于恒转矩调速方式,因此只能拖动恒转矩负载运行。( )

(2) 他励直流电动机电源电压为额定值,电枢回路不串电阻,减弱磁通时,无论拖动恒转矩负载还是恒功率负载,只要负载转矩不过大,电动机的转速都升高。( )

(3) 他励直流电动机降压或串电阻调速时,最大静差率数值越大,调速范围也越大。( )

(4) 不考虑电动机运行在电枢电流大于额定电流时电动机是否因过热而损坏的问题,他励电动机带很大的负载转矩运行,减弱电动机的磁通,电动机转速也一定会升高。( )

(5) 他励直流电动机降低电源电压调速与减少磁通升速,都可以做到无级调速。( )

(6) 降低电源电压调速的他励直流电动机带额定转矩运行时,不论转速高低,电枢电流 $I_a = I_N$。( )

答 (1)×;(2)√;(3)√;(4)×;(5)√;(6)√。

4.5 $n_N = 1500 \text{ r/min}$ 的他励直流电动机拖动转矩 $T_L = T_N$ 的恒转矩负载,在固有机械特性、电枢回路串电阻、降低电源电压及减弱磁通的人为特性上运行,请在下表中填满有关数据。

U	Φ	$(R_a + R)/\Omega$	$n_0/(\text{r} \cdot \text{min}^{-1})$	$n/(\text{r} \cdot \text{min}^{-1})$	I_a/A
U_N	Φ_N	0.5	1650	1500	58
U_N	Φ_N	2.5			
$0.6U_N$	Φ_N	0.5			
U_N	$0.8\Phi_N$	0.5			

答 $U = U_N, \Phi = \Phi_N, R_a + R = 2.5 \ \Omega$ 时

$$n_0 = 1650 \text{ r/min}, \quad n = 900 \text{ r/min}, \quad I_a = 58 \text{ A}$$

$U = 0.6U_N, \Phi = \Phi_N, R_a + R = 0.5 \ \Omega$ 时

$$n_0 = 990 \text{ r/min}, \quad n = 840 \text{ r/min}, \quad I_a = 58 \text{ A}$$

$U = U_N, \Phi = 0.8\Phi_N, R_a + R = 0.5 \ \Omega$ 时

$$n_0 = 2062.5 \text{ r/min}, \quad n = 1828.1 \text{ r/min}, \quad I_a = 72.5 \text{ A}$$

4.6 降低磁通升速的他励直流电动机不能拖动太重的负载，除了电流过大不允许以外，请参考图4.2分析其他原因。

答 弱磁通的人为机械特性是：磁通越弱时，理想空载转速越高，机械特性越软。这是弱磁通时的一组人为机械特性，在电磁转矩 T 较大处彼此相交，出现交叉区。从机械特性看出，只有负载转矩不大时，例如 $T_L = T_N$，工作点在交叉区的左边，减弱磁通时转速升高。但是，若负载转矩过大，例如 $T_L = T_1$，使工作点进入交叉区以后，当开始减弱磁通到 Φ_1 时，转速升高；继续减弱磁通比如到 Φ_2 时，转速不但不升高，反而降低，甚至降到比额定磁通 Φ_N 时的转速还低，这是一种"颠覆"现象。若负载转矩更大，例如大到使工作点在机械特性交叉区的右边，减弱磁通的结果只能是降低转速，磁通越弱，转速也越低。一般来说，在电源电压 U_N 不变，电枢回路不串电阻的情况下，只要负载转矩在 T_N 之内，弱磁调速都有磁通越弱转速越高的效果。

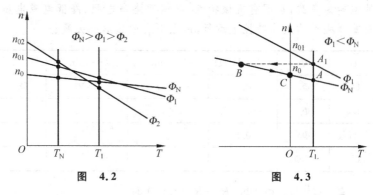

图 4.2 图 4.3

4.7 他励直流电动机拖动恒转矩负载调速机械特性如图4.3所示，请分析工作点从 A_1 向 A 调节时，电动机可能经过的

不同运行状态。

答 设工作点 A_1 的转速为 n_1，固有机械特性（$\Phi=\Phi_N$）上转速等于 n_1 的点为 B，理想空载点为 $C(n=n_0,T=0)$。改变磁通的瞬间，转速 n_1 不变，电动机运行点为 B，这样电磁转矩 $T<T_L$，系统减速运行，经过 C 点，直至 A 点，并在 A 点稳定运行。从 $B\rightarrow C$ 为正向回馈制动运行；从 $C\rightarrow A$ 为正向电动运行（没有稳定运行点，是减速过程）；A 点为正向电动运行，是稳态。

4.8 一台他励直流电动机拖动一台电动小车行驶，小车前行时电动机转速规定为正。当小车走在斜坡路上，负载的摩擦转矩比位能性转矩小，小车在斜坡上前进和后退时电动机可能工作在什么运行状态？请在机械特性曲线上标出工作点。

答 关键是先要把负载的机械特性确定下来，运行状态就容易确定了。小车走平路时只有摩擦性负载转矩，前进时为 T_1，后退时为 $-T_1$。走在斜坡路上时，除了摩擦性转矩之外，还要增加一个位能性转矩 T_2，而且 $|T_2|>T_1$。在下坡路上行驶时，位能性负载转矩与负载转矩正方向相反，$T_2<0$，特性在 Ⅱ、Ⅲ 象限；在上坡路上行驶时，位能性负载转矩与负载转矩正方向相同，$T_2>0$，特性在 Ⅰ、Ⅳ 象限。

在下坡路上行驶时，负载机械特性如图 4.4(a)所示，前进时的 $T_{L1}=T_1+T_2$；后退时的 $T_{L2}=-T_1+T_2$。显然，前进时，电动机可能运行的状态有三种：(1)正向回馈制动运行，工作点为 B；(2)反接制动运行，工作点为 C；(3)能耗制动运行，工作点为 D。后退时的运行状态为反向电动运行。该图中 A 点为平路行驶时的工作点。

在上坡路上行驶时，负载机械特性如图 4.4(b)所示，前进时的 $T_{L1}=T_1+T_2$；后退时的 $T_{L2}=-T_1+T_2$。显然，前进时，电动机的运行状态为正向电动运行，工作点为 B。后退时，电动机可能

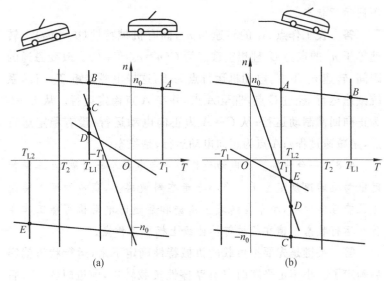

图 4.4

运行在三种状态：（1）反向回馈制动运行，工作点为 C；（2）倒拉反转运行，工作点为 D；（3）能耗制动运行，工作点为 E。该图中 A 点为平路行驶时的工作点。

4.9 采用电动机惯例时，他励直流电动机电磁功率 $P_M = E_a I_a = T\Omega < 0$，说明了电动机内机电能量转换的方向是机械功率转换成电功率，那么是否可以认为该电动机运行于回馈制动状态，或者说就是一台他励直流发电机？为什么？

答 他励直流电动机运行时 $P_M < 0$，说明 T 与 n 方向相反，因此电动机运行于制动状态。制动运行状态包括回馈制动运行、能耗制动运行、反接制动过程及倒拉反转等制动状态，而直流发电机状态仅仅是回馈制动运行这一种。因此仅仅从 $P_M < 0$ 说明电机是一台发电机的看法是错误的，判断他励直流电动机运行于发电机状态还必须增加一个条件，即运行于回馈制动状态的条件是：

①$P_M < 0$，②$P_1 = UI_a < 0$，也就是说，机械功率转变成电功率后，还必须回送给电源。

4.10 一台他励直流电动机拖动的卷扬机，当电枢所接电源电压为额定电压、电枢回路串入电阻时拖动重物匀速上升，若把电源电压突然倒换极性，电动机最后稳定运行于什么状态？重物提升还是下放？画出机械特性图，并说明其中间经过了什么运行状态。

答 当电枢接额定电压、电枢回路串入电阻时拖动重物匀速上升，电机运行于正向电动状态；若把电源电压突然倒换极性后，电动机最后运行于反向回馈制动状态，重物匀速下放。机械特性如图4.5所示，其中曲线1为固有机械特性，曲线2为电枢电压等于额定值、电枢回路串电阻的人为机械特性，曲线3为电枢电压反接后电枢回路串电阻的人为机械特性。反接电源电压之前，匀速提升重物的工作点为A，反接后稳定运行的工作点为E。从A到E中间经过：(1)$B \to C$，反接制动过程；(2)$C \to D$，反向升速，属反向电动运行状态；

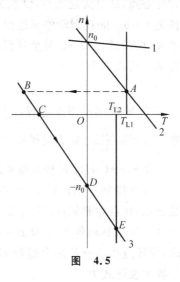

图 4.5

(3)$D \to E$，继续反向升速，属反向回馈制动运行状态。

4.11 机电时间常数是什么过渡过程的时间常数？其大小与哪些量有关？

答 机电时间常数T_M是只考虑系统机械惯性时的机械过渡过程的时间常数。T_M的大小与电磁量有关，即与电动机机械特性斜率大小有关；与机械量即系统的飞轮矩 GD^2 有关，GD^2 表示机械惯性的大小。T_M 与 GD^2 的关系为

$$T_M = \beta \frac{GD^2}{375} = \frac{R_a + R}{C_e C_M \Phi^2} \cdot \frac{GD^2}{375}$$

4.12 他励直流电动机拖动位能性恒转矩负载运行，忽略传动机构的损耗 ΔT，机械特性如图 4.6 所示。进行能耗制动和反接制动时，若不采取任何其他停车措施使之停车，请写出这两个过渡过程的 $n = f(t)$ 与 $T = f(t)$ 表达式，并画出它们的曲线。

答 从能耗制动到恒速运行过渡过程是 $B \to O \to C$ 过程，C 点为稳态点，B 点为起始点，O 点为过渡过程经过的一个点，该点上转速 $n = 0$。能耗制动停车过程 $B \to O$ 是全过程 $B \to O \to C$ 中的前半段，反转过程 $O \to C$ 是全过程 $B \to O \to C$ 中的后半段。过渡过程数学表达式则为

$$n = n_C + (n_A - n_C)e^{-\frac{t}{T_{M2}}}$$

$n \geqslant 0$ 为能耗制动停车过程，$n \leqslant 0$ 为反转过程。其中机电时间常数 $T_{M2} = \beta_2 \dfrac{GD^2}{375}$，$\beta_2$ 为机械特性 2 的斜率。

$B \to O \to C$ 过渡过程曲线见图 4.7 中曲线 1。

从反接制动到恒速运行过渡过程是 $B \to D \to E$ 过程，E 点为稳态点，B 点为起始点，D 点为过渡过程经过的一个点，该点转速 $n = 0$。反接制动停车过程 $B \to D$ 是全过程 $B \to D \to E$ 中的前半段，反转过程 $D \to E$ 是全过程 $B \to D \to E$ 中的后半段。过渡过程的数学表达式为

$$n = n_E + (n_A - n_E)e^{-\frac{t}{T_{M3}}}$$

$n \geqslant 0$ 为反接制动停车过程，$n \leqslant 0$ 为反转过程。其中机电时间常数 $T_{M3} = \beta_3 \dfrac{GD^2}{375}$，$\beta_3$ 为机械特性 3 的斜率。

$B \to D \to E$ 过渡过程曲线见图 4.7 中曲线 2。

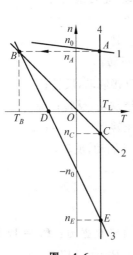

图 4.6

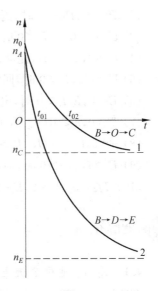

图 4.7

4.13 分析下列各种情况下,采用电动机惯例的一台他励直流电动机运行在什么状态。

(1) $P_1>0, P_M>0$;

(2) $P_1>0, P_M<0$;

(3) $U_N I_a<0, E_a I_a<0$;

(4) $U=0, n<0$;

(5) $U=U_N, I_a<0$;

(6) $E_a<0, E_a I_a>0$;

(7) $T>0, n<0, U=U_N$;

(8) $n<0, U=-U_N, I_a>0$;

(9) $E_a>U_N, n>0$;

(10) $T\Omega<0, P_1=0, E_a<0$。

答 (1) $P_1>0, P_M>0$ 时,电动状态,正转;

(2) $P_1 > 0, P_M < 0$ 时,倒拉反接制动,反转;

(3) $U_N I_a < 0, E_a I_a < 0$ 时,回馈制动,正转或反转;

(4) $U = 0, n < 0$ 时,能耗制动,反转;

(5) $U = U_N, I_a < 0$ 时,回馈制动,正转;

(6) $E < 0, E_a I_a > 0$ 时,电动状态,反转;

(7) $T > 0, n < 0, U = U_N$ 时,倒拉反接制动,反转;

(8) $n < 0, U = -U_N, I_a > 0$ 时,回馈制动,反转;

(9) $E_a > U_N, n > 0$ 时,回馈制动,正转;

(10) $T\Omega < 0, P_1 = 0, E_a < 0$ 时,能耗制动,反转。

习题解答

4.1 Z_2-71 他励直流电动机的额定数据为:$P_N = 17$ kW, $U_N = 220$ V, $I_N = 90$ A, $n_N = 1500$ r/min, $R_a = 0.147$ Ω。

(1) 求直接启动时的启动电流;

(2) 拖动额定负载启动,若采用电枢回路串电阻启动,要求启动转矩为 $2T_N$,求应串入多大电阻;若采用降电压启动,电压应降到多大?

解 (1) 直接启动时的启动电流

$$I_S = \frac{U_N}{R_a} = \frac{220}{0.147} = 1497 \text{ A}$$

(2) 拖动额定负载启动,采用电枢回路串电阻启动,启动电阻的计算。因以顺利启动为条件,需最小启动电流

$$I'_S = 1.1 I_N = 1.1 \times 90 = 99 \text{ A}$$

应串入电阻

$$R = \frac{U_N}{I_S} - R_a = \frac{220}{99} - 0.147 = 2.075 \text{ } \Omega$$

拖动额定负载启动,采用降电压启动时,电压

$$U = R_a I'_S = 0.147 \times 99 = 14.6 \text{ V}$$

4.2 Z_2-51 他励直流电动机的额定数据为：$P_N = 7.5 \text{ kW}$，$U_N = 220 \text{ V}$，$I_N = 41 \text{ A}$，$n_N = 1500 \text{ r/min}$，$R_a = 0.376 \ \Omega$，拖动恒转矩负载运行，$T_L = T_N$，把电源电压降到 $U = 150 \text{ V}$。

（1）电源电压降低了，但电动机转速还来不及变化的瞬间，电动机的电枢电流及电磁转矩各是多大？电力拖动系统的动转矩是多少？

（2）稳定运行转速是多少？

解 （1）电源电压降低，转速来不及变化时电枢电流和电磁转矩的计算。

电枢感应电动势在降压瞬间保持不变，即

$$E_{aN} = U_N - R_a I_N = 220 - 0.376 \times 41 = 204.6 \text{ V}$$

电枢电流

$$I_a = \frac{U - E_{aN}}{R_a} = \frac{150 - 204.6}{0.376} = -145.2 \text{ A}$$

电磁转矩

$$T = \frac{P_M}{\Omega_N} = \frac{E_{aN} I_a}{\dfrac{2\pi}{60} n_N}$$

$$= \frac{204.6 \times (-145.2)}{\dfrac{2\pi}{60} \times 1500}$$

$$= -189.1 \text{ N} \cdot \text{m}$$

负号说明电枢电流和电磁转矩方向均改变，电动机工作在回馈制动状态。

（2）稳定运行时转速的计算。

因电动机带恒转矩额定负载，所以稳定运行时的电枢电流为

$$I_a = I_N = 41 \text{ A}$$

电枢感应电动势

$$E_a = U - R_a I_a = 150 - 0.376 \times 41 = 134.6 \text{ V}$$

转速

$$n = \frac{E_a}{E_{aN}} n_N = \frac{134.6}{204.6} \times 1500 = 986.9 \text{ r/min}$$

4.3 习题 4.2 中的电动机，拖动恒转矩负载运行，若把磁通减小到 $\Phi = 0.8\Phi_N$，不考虑电枢电流过大的问题，计算改变磁通前（Φ_N）后（$0.8\Phi_N$）电动机拖动负载稳定运行的转速。

(1) $T_L = 0.5 T_N$；

(2) $T_L = T_N$。

解 额定运行时 $C_e\Phi_N$ 的计算

$$C_e\Phi_N = \frac{U_N - R_a I_N}{n_N} = \frac{220 - 0.376 \times 41}{1500} = 0.1364$$

(1) $T_L = 0.5 T_N$，改变磁通前后转速的计算。

改变磁通前的电枢电流

$$I_a = 0.5 I_N = 0.5 \times 41 = 20.5 \text{ A}$$

改变磁通前的转速

$$n = \frac{U_N - R_a I_a}{C_e\Phi_N} = \frac{220 - 0.376 \times 20.5}{0.1364} = 1556 \text{ r/min}$$

改变磁通后的电枢电流

$$I'_a = \frac{C_t\Phi_N}{C_t\Phi} I_a = \frac{C_t\Phi_N}{0.8 C_t\Phi_N} \times 20.5 = 25.6 \text{ A}$$

改变磁通后的转速

$$n' = \frac{U_N - R_a I'_a}{C_e\Phi} = \frac{220 - 0.376 \times 25.6}{0.8 \times 0.1364} = 1928 \text{ r/min}$$

(2) $T_L = T_N$，改变磁通前后转速的计算。

改变磁通前电动机工作在额定运行状态，故

$$n_N = 1500 \text{ r/min}$$

改变磁通后的电枢电流

$$I''_a = \frac{C_t\Phi_N}{C_t\Phi} I_N = \frac{C_t\Phi_N}{0.8 C_t\Phi_N} \times 41 = 51.25 \text{ A}$$

改变磁通后的转速

$$n'' = \frac{U_N - R_a I_a''}{C_e \Phi} = \frac{220 - 0.376 \times 51.25}{0.8 \times 0.1364} = 1840 \text{ r/min}$$

4.4 Z_2-62 他励直流电动机的铭牌数据为：$P_N = 13 \text{ kW}$，$U_N = 220 \text{ V}$，$I_N = 68.7 \text{ A}$，$n_N = 1500 \text{ r/min}$，$R_a = 0.224 \text{ Ω}$，电枢串电阻调速，要求 $\delta_{max} = 30\%$，求：

(1) 电动机带额定负载转矩时的最低转速；

(2) 调速范围；

(3) 电枢需串入的电阻最大值；

(4) 运行在最低转速带额定负载转矩时，电动机的输入功率、输出功率（忽略 T_0）及外串电阻上的损耗。

解 (1) 电动机带额定负载转矩时的最低转速计算。

电动机的

$$C_e \Phi_N = \frac{U_N - R_a I_N}{n_N} = \frac{220 - 0.224 \times 68.7}{1500} = 0.1364$$

理想空载转速

$$n_0 = \frac{U_N}{C_e \Phi_N} = \frac{220}{0.1364} = 1613 \text{ r/min}$$

最低转速时的转差率

$$\Delta n_{max} = \delta_{max} n_0 = 0.3 \times 1613 = 483.9 \text{ r/min}$$

最低转速

$$n_{min} = n_0 - \Delta n_{max} = 1613 - 483.9 = 1129 \text{ r/min}$$

(2) 调速范围

$$D = \frac{n_{max}}{n_{min}} = \frac{1500}{1129} = 1.329$$

(3) 电枢回路需串入的电阻最大值计算。

$$\Delta n_{max} = \frac{(R_a + R_{max}) I_N}{C_e \Phi_N}$$

$$R_{max} = \frac{C_e \Phi_N \Delta n_{max}}{I_N} - R_a$$

$$= \frac{0.1364 \times 483.9}{68.7} - 0.224$$

$$= 0.737 \ \Omega$$

(4) 运行在最低转速带额定负载转矩时,电动机输入功率、输出功率及外串电阻损耗的计算。

输入功率

$$P_1 = U_N I_N = 220 \times 68.7 = 15\ 114\ \text{W}$$

输出功率(忽略空载损耗)

$$P_2 = P_M = C_e \Phi_N n_{\min} I_N$$

$$= 0.1364 \times 1129 \times 68.7$$

$$= 10\ 579\ \text{W}$$

外串电阻损耗

$$p = I_N^2 R_{\max} = 68.7^2 \times 0.737 = 3478\ \text{W}$$

4.5 习题 4.4 中的电动机,降低电源电压调速,要求 $\delta_{\max} = 30\%$,求:

(1) 电动机带额定负载转矩时的最低转速;

(2) 调速范围;

(3) 电源电压需调到的最低值;

(4) 电动机带额定负载转矩在最低转速运行时,电动机的输入功率及输出功率(忽略空载损耗)。

解 (1) 电动机带额定负载转矩时最低转速的计算。

额定负载时的转速降

$$\Delta n_N = \frac{R_a I_N}{C_e \Phi_N} = \frac{0.224 \times 68.7}{0.1364} = 112.8\ \text{r/min}$$

最低转速

$$n_{\min} = \frac{\Delta n_N}{\delta_{\max}} - \Delta n_N = \frac{112.8}{0.3} - 112.8$$

$$= 263.2\ \text{r/min}$$

（2）调速范围

$$D = \frac{n_{\max}}{n_{\min}} = \frac{n_N}{n_{\min}} = \frac{1500}{263.2} = 5.70$$

（3）电源电压需调到的最低值。

最低转速时的理想空载转速

$$n_{0\min} = \frac{\Delta n_N}{\delta_{\max}} = \frac{112.8}{0.3} = 376 \text{ r/min}$$

最低电压

$$U_{\min} = C_e \Phi_N \cdot n_{0\min} = 0.1364 \times 376 = 51.3 \text{ V}$$

（4）电动机带额定负载转矩在最低转速运行时的输入功率及输出功率。

输入功率

$$P_1 = U_{\min} I_N = 51.3 \times 68.7 = 3524 \text{ W}$$

输出功率

$$P_2 = P_M = C_e \Phi_N n_{\min} I_N$$
$$= 0.1364 \times 263.2 \times 68.7$$
$$= 2266 \text{ W}$$

4.6 某一生产机械采用他励直流电动机作原动机,该电动机用弱磁调速,数据为: $P_N = 18.5 \text{ kW}, U_N = 220 \text{ V}, I_N = 103 \text{ A}, n_N = 500 \text{ r/min}$,最高转速 $n_{\max} = 1500 \text{ r/min}, R_a = 0.18 \ \Omega$。

（1）若电动机拖动恒转矩负载 $T_L = T_N$,求当把磁通减弱至 $\Phi = \frac{1}{3}\Phi_N$ 时,电动机的稳定转速和电枢电流。电机能否长期运行? 为什么?

（2）若电动机拖动恒功率负载 $P_L = P_N$,求 $\Phi = \frac{1}{3}\Phi_N$ 时电动机的稳定转速和转矩。此时能否长期运行? 为什么?

解 （1）拖动恒转矩负载 $T_L = T_N$ 时,电机转速与电流的计算。

电动机的 $C_e\Phi_N$ 为

$$C_e\Phi_N = \frac{U_N - I_N R_a}{n_N} = \frac{220 - 103 \times 0.18}{500} = 0.403$$

拖动恒转矩负载运行减弱磁通时，有

$$T_L = T_N = C_e\Phi_N I_N = C_e\Phi I_{a1}$$

磁通减弱到 $\Phi = \dfrac{1}{3}\Phi_N$ 时电枢电流

$$I_{a1} = \frac{\Phi_N}{\Phi} I_N = \frac{\Phi_N}{\dfrac{1}{3}\Phi_N} \times 103 = 309\ \text{A}$$

减弱磁通后的稳定转速

$$n = \frac{U_N - I_{a1} R_a}{C_e\Phi} = \frac{220 - 309 \times 0.18}{\dfrac{1}{3} \times 0.403} = 1225\ \text{r/min}$$

电动机拖动额定恒转矩负载弱磁升速后不能长期运行，因为电枢电流 $I_{a1} = 3I_N$，会造成不能换向及电机过热而烧坏的结果。

（2）拖动恒功率负载 $P_z = P_N$ 时，电机转速与电枢电流的计算。

拖动恒功率负载运行减弱磁通时，电枢电流 I_a 大小不变，因而

$$U_N - I_a R_a = E_a = 常数$$

而

$$E_a = C_e\Phi_N n_N = C_e\Phi n$$

因此可以得到

$$\Phi_N n_N = \Phi n$$

减弱磁通后的转速

$$n = \frac{\Phi_N}{\Phi} n_N = \frac{\Phi_N}{\dfrac{1}{3}\Phi_N} \times 500 = 1500\ \text{r/min}$$

电枢电流

$$I_{a2} = I_N = 103 \text{ A}$$

电动机拖动额定恒功率负载运行时减弱磁通升速,电动机可以长期运行。原因是磁通减弱到 $\frac{1}{3}\Phi_N$ 时,转速 $n = 1500 \text{ r/min} = n_{max}$,电枢电流 $I_{a2} = I_N$,恰好都在允许范围内,机械强度、换向及温升条件都允许。

4.7 一台他励直流电动机的 $P_N = 29 \text{ kW}$,$U_N = 440 \text{ V}$,$I_N = 76 \text{ A}$,$n_N = 1000 \text{ r/min}$,$R_a = 0.376 \ \Omega$。采用降低电源电压和减小磁通的方法调速,要求最低理想空载转速 $n_{0min} = 250 \text{ r/min}$,最高理想空载转速 $n_{0max} = 1500 \text{ r/min}$,求:

(1) 该电动机拖动恒转矩负载 $T_L = T_N$ 时的最低转速及此时的静差率 δ_{max};

(2) 该电动机拖动恒功率负载 $P_L = P_N$ 时的最高转速;

(3) 系统的调速范围。

解 (1) 电动机拖动恒转矩负载时的最低转速及此时静差率 δ_{max} 计算。

额定磁通下的 $C_e\Phi_N$ 为

$$C_e\Phi_N = \frac{U_N - R_a I_N}{n_N} = \frac{440 - 0.376 \times 76}{1000} = 0.4114$$

降低电源电压调速时,由负载引起的转速降为

$$\Delta n = \frac{R_a I_N}{C_e\Phi_N} = \frac{0.376 \times 76}{0.4114} = 69.5 \text{ r/min}$$

最低转速

$$n_{min} = n_{0min} - \Delta n = 250 - 69.5 = 180 \text{ r/min}$$

静差率

$$\delta_{max} = \frac{\Delta n}{n_{0min}} = \frac{69.5}{250} \times 100\% = 27.8\%$$

(2) 电动机拖动恒功率负载时的最高转速。

最高转速时的 $C_e\Phi$ 为

$$C_e\Phi = \frac{U_N}{n_{0\max}} = \frac{440}{1500} = 0.2933$$

最高转速

$$n_{\max} = n_{0\max} - \frac{R_a I_N}{C_e\Phi}$$

$$= 1500 - \frac{0.376 \times 76}{0.4114}$$

$$= 1431 \text{ r/min}$$

（3）系统的调速范围

$$D = \frac{n_{\max}}{n_{\min}} = \frac{1431}{180} = 7.95$$

4.8 一台他励直流电动机 $P_N = 17$ kW,$U_N = 110$ V,$I_N = 185$ A,$n_N = 1000$ r/min,已知电动机最大允许电流 $I_{a\max} = 1.8I_N$,电动机拖动 $T_L = 0.8T_N$ 负载电动运行,求:

（1）若采用能耗制动停车,电枢应串入多大电阻;

（2）若采用反接制动停车,电枢应串入多大电阻;

（3）两种制动方法在制动开始瞬间的电磁转矩;

（4）两种制动方法在制动到 $n=0$ 时的电磁转矩。

解 （1）能耗制动停车电枢应串入电阻计算。

取额定电枢感应电动势

$$E_{aN} = 0.94U_N = 0.94 \times 110 = 103.4 \text{ V}$$

电动机电枢电阻

$$R_a = \frac{U_N - E_{aN}}{I_N} = \frac{110 - 103.4}{185} = 0.036 \ \Omega$$

电动机的 $C_e\Phi_N$ 为

$$C_e\Phi_N = \frac{E_{aN}}{n_N} = \frac{103.4}{1000} = 0.1034$$

制动前电枢电流

$$I_a = \frac{T_L}{T_N}I_N = \frac{0.8T_N}{T_N} \times 185 = 148 \text{ A}$$

制动前电枢电动势

$$E_a = U_N - I_a R_a = 110 - 148 \times 0.036 = 104.67 \text{ V}$$

能耗制动停车时电枢应串入的最小制动电阻为

$$R = \frac{E_a}{I_{amax}} - R_a = \frac{104.67}{1.8 \times 185} - 0.036 = 0.278 \ \Omega$$

（2）若用反接制动停车，电枢应串入的最小制动电阻为

$$R' = \frac{U_N + E_a}{I_{amax}} - R_a$$

$$= \frac{110 + 104.67}{1.8 \times 185} - 0.036$$

$$= 0.609 \ \Omega$$

（3）制动开始瞬间的电磁转矩计算。

开始制动瞬间，能耗制动与反接制动的电磁转矩大小一样，为

$$T = -9.55 C_e \Phi_N I_{amax}$$

$$= -9.55 \times 0.1034 \times 1.8 \times 185$$

$$= -328.8 \text{ N} \cdot \text{m}$$

（4）制动到 $n = 0$ 时电磁转矩的计算

能耗制动时

$$n = 0, \quad T = 0$$

反接制动时

$$n = 0, \quad E_a = 0$$

电枢电流为

$$I'_a = \frac{-U_N}{R_a + R'} = \frac{-110}{0.036 + 0.609} = -170.5 \text{ A}$$

反接制动 $n = 0$ 时的电磁转矩为

$$T' = 9.55 C_e \Phi_N I'_a$$

$$= 9.55 \times 0.1034 \times (-170.5)$$

$$= -168.36 \text{ N} \cdot \text{m}$$

4.9　一台他励直流电动机 $P_N = 13 \text{ kW}, U_N = 220 \text{ V}, I_N =$

68.7 A，$n_N = 1500$ r/min，$R_a = 0.195$ Ω，拖动一台安装吊车的提升机构，吊装时用抱闸抱住，使重物停在空中。若提升某重物吊装时，抱闸损坏，需要用电动机把重物吊在空中不动，已知重物的负载转矩 $T_L = T_N$，求此时电动机电枢回路应串入多大电阻。

解　他励电动机在额定励磁下带额定负载转矩，电枢电流为

$$I_a = I_N = 68.7 \text{ A}$$

电动机把重物吊在空中不动，意味着电动机转速为

$$n = 0$$

应串入电阻

$$R = \frac{U_N}{I_N} - R_a = \frac{220}{68.7} - 0.195 = 3.007 \text{ Ω}$$

4.10　一台他励直流电动机拖动某起重机提升机构，他励直流电动机的 $P_N = 30$ kW，$U_N = 220$ V，$I_N = 158$ A，$n_N = 1000$ r/min，$R_a = 0.069$ Ω，当下放某一重物时，已知负载转矩 $T_L = 0.7T_N$，若欲使重物在电动机电源电压不变时，以 $n = -550$ r/min 转速下放，电动机可能运行在什么状态？计算该状态下电枢回路应串入的电阻值。

解　（1）电动机工作在倒拉反接制动运行状态。

（2）电枢回路串入电阻的计算。

额定励磁时的 $C_e \Phi_N$ 为

$$C_e \Phi_N = \frac{U_N - R_a I_N}{n_N} = \frac{220 - 0.069 \times 158}{1000} = 0.2091$$

负载转矩 $T_L = 0.7T_N$ 时的电枢电流为

$$I_a = 0.7 I_N$$

电枢回路串入电阻

$$R = \frac{U_N - C_e \Phi_N n}{I_a} - R_a$$

$$= \frac{220 - 0.2091 \times (-550)}{0.7 \times 158} - 0.069$$

$$= 2.96 \text{ Ω}$$

4.11 某卷扬机由他励直流电动机拖动,电动机的数据为 $P_N=11\,kW,U_N=440\,V,I_N=29.5\,A,n_N=730\,r/min,R_a=1.05\,\Omega,$ 下放某重物时负载转矩 $T_L=0.8T_N,$ 求:

(1) 若电源电压反接、电枢回路不串电阻,电动机的转速;

(2) 若用能耗制动运行下放重物,电动机转速绝对值最小是多少?

(3) 若下放重物要求转速为 $-380\,r/min,$ 可采用几种方法? 电枢回路里需串入电阻是多少?

解 (1)电源电压反接、电枢回路不串电阻,电动机的转速计算。

额定磁通时的 $C_e\Phi_N$ 为

$$C_e\Phi_N=\frac{U_N-R_aI_N}{n_N}=\frac{440-1.05\times 29.5}{730}=0.5603$$

电动机的转速

$$n=\frac{-U_N-R_aI_a}{C_e\Phi_N}$$

$$=\frac{-440-1.05\times 29.5\times 0.8}{0.5603}$$

$$=-830\,r/min$$

(2) 能耗制动运行下放重物,电动机转速绝对值最小量计算。

$$n=\frac{-R_aI_a}{C_e\Phi_N}$$

$$=\frac{-1.05\times 29.5\times 0.8}{0.5603}$$

$$=-44.2\,r/min$$

$$|n|=44.2\,r/min$$

(3) 下放重物要求转速为 $-380\,r/min,$ 可采用的方法和电枢需串入的电阻大小。

若采用能耗制动方法,则电枢回路串电阻

$$R = \frac{-C_e \Phi_N n}{I_a} - R_a$$

$$= \frac{-0.5603 \times (-380)}{0.8 \times 29.5} - 1.05$$

$$= 7.97 \ \Omega$$

若采用倒拉反接制动方法,电枢回路串电阻

$$R = \frac{U_N - C_e \Phi_N n}{I_a} - R_a$$

$$= \frac{440 - 0.5603 \times (-380)}{0.8 \times 29.5} - 1.05$$

$$= 26.62 \ \Omega$$

4.12 一台他励直流电动机数据为: $P_N = 29 \ \text{kW}$, $U_N = 440 \ \text{V}$, $I_N = 76.2 \ \text{A}$, $n_N = 1050 \ \text{r/min}$, $R_a = 0.393 \ \Omega$。

(1) 电动机在反向回馈制动运行下放重物,设 $I_a = 60 \ \text{A}$,电枢回路不串电阻,电动机的转速与负载转矩各为多少? 回馈电源的电功率多大?

(2) 若采用能耗制动运行下放同一重物,要求电动机转速 $n = -300 \ \text{r/min}$,电枢回路应串入多大电阻? 该电阻上消耗的电功率是多大?

(3) 若采用倒拉反转下放同一重物,电动机转速 $n = -850 \ \text{r/min}$,电枢回路应串入多大电阻? 电源送入电动机的电功率多大? 串入的电阻上消耗多大电功率?

解 (1) 电动机在反向回馈制动运行下放重物时的转速、负载转矩和回馈电源的电功率计算。

额定磁通时的 $C_e \Phi_N$ 为

$$C_e \Phi_N = \frac{U_N - R_a I_N}{n_N} = \frac{440 - 0.393 \times 76.2}{1050} = 0.3905$$

反向回馈制动运行时的转速

$$n = \frac{-U_N - R_a I_a}{C_e \Phi_N}$$

$$= \frac{-440 - 0.393 \times 60}{0.3905}$$

$$= -1187 \text{ r/min}$$

电枢电流 $I_a = 60$ A 时的负载转矩(忽略空载转矩)为

$$T_L = T = 9.55 C_e \Phi_N I_a$$

$$= 9.55 \times 0.3905 \times 60$$

$$= 223.8 \text{ N} \cdot \text{m}$$

回馈电源的电功率

$$P_1 = -U_N I_a = -440 \times 60 = -26\,400 \text{ W}$$

（2）能耗制动运行下放同一重物,要求电动机转速 $n = -300$ r/min,电枢回路串入电阻和电阻上消耗的电功率计算。

电枢回路串电阻

$$R = \frac{-C_e \Phi_N n}{I_a} - R_a$$

$$= \frac{-0.3905 \times (-300)}{60} - 0.393$$

$$= 1.56 \ \Omega$$

电阻上消耗的电功率

$$p = I_a^2 R = 60^2 \times 1.56 = 5616 \text{ W}$$

（3）采用倒拉反转下放同一重物,电动机转速 $n = -850$ r/min,电枢回路串入电阻、电源送入电动机的功率和串入的电阻上消耗电功率计算。

电枢回路串电阻

$$R = \frac{U_N - C_e \Phi_N n}{I_a} - R_a$$

$$= \frac{440 - 0.3905 \times (-850)}{60} - 0.393$$

$$= 12.47 \ \Omega$$

电源送入电动机的功率为

$$P_1 = U_N I_a = 440 \times 60 = 26\,400 \text{ W} = 26.4 \text{ kW}$$

电枢串入电阻上消耗的电功率为

$$p = I_a^2 R = 60^2 \times 12.47 = 44\,892 \text{ W} \approx 44.9 \text{ kW}$$

4.13 　某他励直流电动机数据为：$P_N = 17 \text{ kW}$，$U_N = 110 \text{ V}$，$I_N = 185 \text{ A}$，$n_N = 1000 \text{ r/min}$，$R_a = 0.035 \ \Omega$，$GD_D^2 = 30 \text{ N} \cdot \text{m}^2$。拖动恒转矩负载运行，$T_L = 0.85 T_N$。采用能耗制动或反接制动停车，最大允许电流为 $1.8 I_N$，分别求两种停车方法最快的制动停车时间（取 $GD^2 = 1.25 GD_D^2$）。

解 　如图 4.8 所示，曲线 1 为固有机械特性，$T_L = 0.85 T_N$ 为恒转矩负载；曲线 2 为能耗制动时的人为机械特性；曲线 3 为反接制动时的人为机械特性。

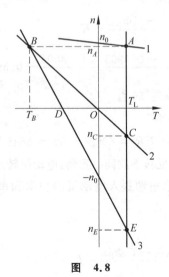

图　4.8

（1）采用能耗制动时最短制动停车时间的计算。

额定磁通时的 $C_e \Phi_N$ 为

$$C_e\Phi_N = \frac{U_N - R_a I_N}{n_N} = \frac{110 - 0.035 \times 185}{1000} = 0.1035$$

负载转矩 $T_L = 0.85T_N$ 时的电枢电流

$$I_a = 0.85I_N$$

固有特性上 A 点的电枢感应电动势和转速

$$E_{aA} = U_N - R_a I_a$$
$$= 110 - 0.035 \times 0.85 \times 185$$
$$= 104.5 \text{ V}$$

$$n_A = \frac{E_{aA}}{C_e\Phi_N} = \frac{104.5}{0.1035} = 1010 \text{ r/min}$$

当采用能耗制动瞬间,电动机由 A 点运行转到 B 点运行,转速不突变,且限制 B 点电枢工作电流为最大允许电流 $1.8I_N$。电枢回路总电阻

$$R_a + R = \frac{E_{aB}}{1.8I_N} = \frac{E_{aA}}{1.8I_N} = \frac{104.5}{1.8 \times 185} = 0.314 \text{ }\Omega$$

机电时间常数

$$T_M = \frac{GD^2(R_a + R)}{375 \times 9.55(C_e\Phi_N)^2}$$
$$= \frac{1.25 \times 30 \times 0.314}{375 \times 9.55 \times 0.1035^2}$$
$$= 0.307 \text{ s}$$

能耗制动稳定运行转速

$$n_C = \frac{-(R_a + R)I_a}{C_e\Phi_N}$$
$$= \frac{-0.314 \times 0.85 \times 185}{0.1035}$$
$$= -477 \text{ r/min}$$

能耗制动过渡过程的转速表达式为

$$n = n_C + (n_B - n_C)e^{-\frac{1}{T_M}t}$$

$$t = T_{\mathrm{M}} \ln \frac{n_B - n_C}{n - n_C}$$

令 $n = 0$，得能耗制动停车最短时间为

$$t_0 = T_{\mathrm{M}} \ln \frac{n_B - n_C}{-n_C}$$

$$= 0.307 \ln \frac{1010 - (-477)}{-(-477)}$$

$$= 0.349 \,\mathrm{s}$$

（2）采用反接制动时最短制动停车时间的计算。

当采用反接制动瞬间，电动机由固有特性上的 A 工作点，切换到人为特性曲线 3 上的 B 点工作，有

$$n_B = n_A = 1010 \,\mathrm{r/min}$$

电枢回路总电阻为

$$R_{\mathrm{a}} + R' = \frac{-U_{\mathrm{N}} - E_{\mathrm{a}B}}{-1.8 I_{\mathrm{N}}} = \frac{110 + 104.5}{1.8 \times 185} = 0.644 \,\Omega$$

机电时间常数为

$$T'_{\mathrm{M}} = \frac{GD^2 (R_{\mathrm{a}} + R')}{375 \times 9.55 (C_e \Phi_{\mathrm{N}})^2}$$

$$= \frac{1.25 \times 30 \times 0.644}{375 \times 9.55 \times 0.1035^2}$$

$$= 0.630 \,\mathrm{s}$$

反接制动稳定运行转速为

$$n_E = \frac{-U_{\mathrm{N}} - (R_{\mathrm{a}} + R') I_{\mathrm{a}}}{C_e \Phi_{\mathrm{N}}}$$

$$= \frac{-110 - 0.644 \times 0.85 \times 185}{0.1035}$$

$$= -2041 \,\mathrm{r/min}$$

反接制动过渡过程转速表达式为

$$n' = n_E + (n_B - n_E) \mathrm{e}^{-\frac{1}{T'_{\mathrm{M}}} t'}$$

$$t' = T'_M \ln \frac{n_B - n_E}{n' - n_E}$$

令 $n' = 0$，得反接制动停车最短时间

$$t'_0 = T'_M \ln \frac{n_B - n_E}{-n_E}$$

$$= 0.630 \ln \frac{1010 + 2041}{2041}$$

$$= 0.253 \text{ s}$$

4.14 一台他励直流电动机的数据为：$P_N = 5.6$ kW，$U_N = 220$ V，$I_N = 31$ A，$n_N = 1000$ r/min，$R_a = 0.45$ Ω，系统总飞轮矩 $GD^2 = 9.8$ N·m^2。在转速为 n_N 时使电枢反接，反接制动的起始电流为 $2I_N$，传动机构损耗转矩 $\Delta T = 0.11 T_N$。试就反抗性恒转矩负载及位能性恒转矩负载两种情况，求：

(1) 反接制动使转速自 n_N 降到 0 的制动时间；

(2) 从制动到反转整个过程的 $n = f(t)$ 及 $I_a = f(t)$ 方程式，并大致画出过渡过程曲线。

解 (1) 转速从 n_N 到 0 的反接制动时间计算。

电动机额定电枢电动势

$$E_{aN} = U_N - I_N R_a = 220 - 31 \times 0.45 = 206 \text{ V}$$

电动机的 $C_e \Phi_N$ 为

$$C_e \Phi_N = \frac{E_{aN}}{n_N} = \frac{206}{1000} = 0.206$$

反接制动时电枢回路总电阻为

$$R_a + R = \frac{U_N + E_{aN}}{2I_N} = \frac{220 + 206}{2 \times 31} = 6.87 \text{ }\Omega$$

制动到 $n = 0$ 时的电枢电流

$$I_C = \frac{-U_N}{R_a + R} = \frac{-220}{6.87} = -32.02 \text{ A}$$

反接制动时间常数

$$T_M = \frac{GD^2}{375} \cdot \frac{R_a + R}{9.55(C_e\Phi_N)^2}$$

$$= \frac{9.8}{375} \times \frac{6.87}{9.55 \times 0.206^2}$$

$$= 0.443 \text{ s}$$

制动停车过程具有虚稳态点 F，如图 4.9(a)所示的机械特性，因此稳态电流 $I_F = I_N = 31$ A。

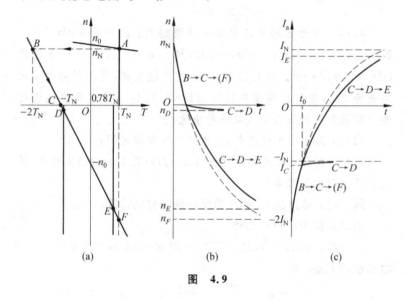

图　4.9

制动停车时间

$$t_0 = T_M \ln \frac{-2I_N - I_N}{I_C - I_N}$$

$$= 0.443 \times \ln \frac{-2 \times 31 - 31}{-32.02 - 31}$$

$$= 0.172 \text{ s}$$

(2) 从开始制动到反转整个过程的 $n = f(t)$ 及 $I_a = f(t)$ 表达式。

① 反抗性恒转矩负载

制动停车过程是 $B \rightarrow C(\rightarrow F)$，见图 4.9(a)，虚稳态点 F 的转速为

$$n_F = \frac{-U_N}{C_e \Phi_N} - \frac{R_a + R}{C_e \Phi_N} I_F$$

$$= \frac{-220}{0.206} - \frac{6.87}{0.206} \times 31$$

$$= -2102 \text{ r/min}$$

反转过程是 $C \rightarrow D$，见图 4.9(a)，稳态点 D 的电枢电流 $I_D = -I_N = -31 \text{ A}$，$D$ 点转速为

$$n_D = \frac{-U_N}{C_e \Phi_N} - \frac{R_a + R}{C_e \Phi_N}(-I_N) = -34 \text{ r/min}$$

因此，反抗性恒转矩负载时的 n 为

$$n = n_F + (n_N - n_F)e^{-\frac{t}{T_M}}$$

$$= -2102 + [1000 - (-2102)]e^{-\frac{t}{0.443}}$$

$$= -2102 + 3102e^{-\frac{t}{0.443}} \text{ r/min}, \quad n \geqslant 0$$

$$n = n_D + (0 - n_D)e^{-\frac{t}{T_M}}$$

$$= -34 + 34e^{-\frac{t}{0.443}} \text{ r/min}, \quad n \leqslant 0$$

反抗性恒转矩负载时的 I_a 为

$$I_a = I_F + (-2I_N - I_F)e^{-\frac{t}{T_M}}$$

$$= 31 - 93e^{-\frac{t}{0.443}} \text{ A}, \quad n \geqslant 0, I_a \leqslant -32.02 \text{ A}$$

$$I_a = I_D + (I_C - I_D)e^{-\frac{t}{T_M}}$$

$$= -31 + (-32.02 + 31)e^{-\frac{t}{0.443}}$$

$$= -31 - 1.02e^{-\frac{t}{0.443}} \text{ A}, \quad n \leqslant 0, I_a \geqslant -32.02 \text{ A}$$

② 位能性恒转矩负载

制动停车过程是 $B \rightarrow C(\rightarrow F)$，与反抗性恒转矩负载相同，反转过程是 $C \rightarrow D \rightarrow E$，如图 4.9(a)所示。稳态点 E 的电枢电

流为

$$I_E = \frac{T_N - 2\Delta T}{T_N} \times I_N$$

$$= \frac{(1 - 2 \times 0.11)T_N}{T_N} \times 31$$

$$= 24.18 \text{ A}$$

稳态点 E 的转速为

$$n_E = \frac{-U_N}{C_e\Phi_N} - \frac{R_a + R}{C_e\Phi_N}I_E$$

$$= \frac{-220}{0.206} - \frac{6.87}{0.206} \times 24.18$$

$$= -1874 \text{ r/min}$$

因此,位能性恒转矩负载时,$C \rightarrow D \rightarrow E$ 反转过程的 n 为

$$n = n_E + (0 - n_E)e^{-\frac{t}{T_M}}$$

$$= -1874 + 1874e^{-\frac{t}{0.443}} \text{ r/min}, \quad n \leqslant 0$$

位能性恒转矩负载时,$C \rightarrow D \rightarrow E$ 反转过程的 I_a 为

$$I_a = I_E + (I_C - I_E)e^{-\frac{t}{T_M}}$$

$$= 24.18 + (-32.02 - 24.18)e^{-\frac{t}{0.443}}$$

$$= 24.18 - 56.2e^{-\frac{t}{0.443}} \text{ A}, \quad n \leqslant 0, I_a \geqslant -32.02 \text{ A}$$

过渡过程曲线如图 4.9 所示,其中图(a)为机械特性,图(b)为 $n = f(t)$ 曲线,图(c)为 $I_a = f(t)$ 曲线。

CHAPTER 5

第 5 章

变 压 器

■点与难点

1. 变压器运行时各电磁量规定正方向。变压器的参数 $Z_1 = R_1 + jX_1$、$Z_m = R_m + jX_m$、$Z_2 = R_2 + jX_2$ 及变比 k 的含义。

2. 变压器空载运行等效电路及相量图。

3. 变压器负载运行的磁通势平衡方程式及其含义,即 $\dot{I}_1 N_1 + \dot{I}_2 N_2 = \dot{I}_0 N_1$ 或 $\dot{F}_1 + \dot{F}_2 = \dot{F}_0$。

4. 变压器运行采用折合算法,折合的原则是 $\dot{F}_2$ 不变。

5. 变压器对称稳态运行基本方程式,一次侧采用实际值,二次侧采用折后值。

6. 变压器的 T 形等值电路和简化等效电路,简单的相关计算。

7. 变压器的相量图。

8. 通过空载试验和短路试验测定变压器的参数。

9. 标幺值的概念。

10. 变压器负载运行时电压调整率与负载的性质(电阻性、电感性、电容性)有关,与负载大小有关。

11. 三相变压器星形和三角形连接的相电动势和线电动势接

线图和相量图。

12. 三相变压器各种连接方式其连接组别的确定。

13. 变压器并联运行的三个条件。

14. 自耦变压器容量与绕组容量的关系。

15. 电流互感器、电压互感器使用注意事项。

16. 本章物理概念和分析方法是最主要的,为异步电动机的学习打下基础。定量计算很少。章后思考题能较好地帮助掌握本章重点、难点内容。

思考题解答

5.1 变压器能否用来直接改变直流电压的大小?

答 不能。变压器是利用电磁感应原理实现变压的。如果变压器一次绕组接直流电压,绕组中则产生大小一定的直流电流,建立直流磁通势,铁心中磁通也就是恒定不变的,因此绕组中就没有感应电动势,输出电压为零。

5.2 额定容量为 S_N 的交流电流能源,若采用 220 kV 输电电压来输送,导线的截面积为 $A(\mathrm{mm}^2)$。若采用 1 kV 电压输送,导线电流密度不变,导线面积应为多大?

答 在额定容量一定的情况下,电流大小与输电电压的大小成反比;同时,在导线电流密度不变的情况下,导线面积与电流大小成正比。所以,采用 1 kV 电压输送时,导线面积应为 $220A(\mathrm{mm}^2)$。

5.3 变压器的铁心导磁回路中如果有空气隙,对变压器有什么影响?

答 一台制好的变压器在额定电压下运行时,铁心内主磁通的大小是一定的。根据磁路的欧姆定律,若磁路中磁通大小一定,磁阻小则磁通势小,励磁电流中 I_{0r} 小。变压器铁心做成闭合的,比起回路中有间隙的情况磁阻小得多,I_{0r} 则小得多。如果铁心回路中有一段间隙,不论是充满空气还是变压器油,由于磁阻很大,产生同样大小主磁通所需励磁磁通势很大,结果 I_{0r} 很大。I_{0r} 大使变压器的功率因数降低,变压器性能变差。顺便提一下,由于 I_{0a} 很小,I_{0r} 大,一般可以认为 $I_0 \approx I_{0r}$,通常说磁阻大时 I_0 大。

5.4 额定电压为 220/110 V 的变压器,若将二次侧 110 V 绕组接到 220 V 电源上,主磁通和励磁电流将怎样变化? 若把一次侧 220 V 绕组错接到 220 V 直流电源上,又会出现什么问题?

答 变压器一次绕组的电源电压、频率、匝数满足关系式 $U_1 \approx E_1 = 4.44 f N_1 \Phi_m$。当电源电压、频率不变时,主磁通 Φ_m 与匝数 N_1 成反比关系,即 $\Phi_m \propto \dfrac{1}{N_1}$。

设电源电压接一次绕组(220 V)时,主磁通 Φ_m 为额定磁通,励磁电流为 I_0,则有 $\Phi_m \propto \dfrac{1}{N_1}$;当把二次绕组(110 V)错当成一次绕组接到 220 V 交流电源上时,主磁通为 Φ_m',励磁电流为 I_0',则有 $\Phi_m' \propto \dfrac{1}{N_2}$。比较以上两式,可得 $\Phi_m' = 2\Phi_m$,即主磁通为正常连接时的 2 倍。假设变压器铁心磁路不饱和,根据磁路欧姆定律,$\Phi_m = \dfrac{N_1 I_0}{R}$;$\Phi_m' = 2\Phi_m = \dfrac{N_2 I_0'}{R}$。显见,$I_0' = 4I_0$,即励磁电流是正常连接时的 4 倍。若考虑铁心的饱和效应,当主磁通是正常额定磁通的 2 倍时,铁心将处于严重饱和状态,则励磁电流 I_0' 将更大。

当一次绕组错接到 220 V 直流电源上时,主磁通是恒定直流磁通,一、二次绕组中没有感应电动势,直流电源电压全部降落在一次绕组的电阻上,产生巨大的短路电流。若没有短路保护措施,会烧毁一次绕组。

5.5 两台变压器的一、二次绕组感应电动势和主磁通规定正方向如图 5.1(a)、(b)所示,试分别写出 $\dot{E}_1 = f(\dot{\Phi}_m)$ 及 $\dot{E}_2 = f(\dot{\Phi}_m)$

的关系式。

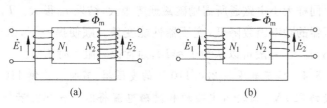

图 5.1

答 图(a) $\dot{E}_1 = j4.44fN_1\dot{\Phi}_m$， $\dot{E}_2 = j4.44fN_2\dot{\Phi}_m$

图(b) $\dot{E}_1 = -j4.44fN_1\dot{\Phi}_m$， $\dot{E}_2 = -j4.44fN_2\dot{\Phi}_m$

5.6 某单相变压器额定电压为 220/110 V，如图 5.2 所示，高压侧加 220 V 电压时，励磁电流为 I_0。若把 X 和 a 连在一起，在 Ax 加 330 V 电压，励磁电流是多大？若把 X 和 x 连在一起，Aa 加 110 V 电压，励磁电流又是多大？

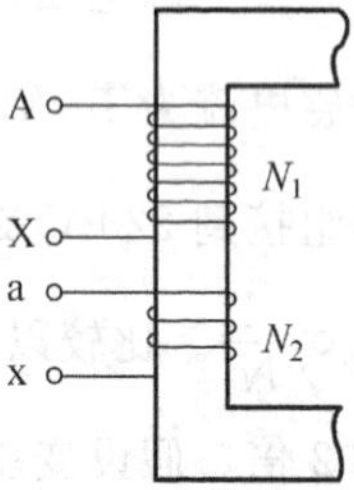

答 当高压边加 220 V 电压时，有

$$220 = 4.44fN_1\Phi_m, \quad \Phi_m = \frac{N_1 I_0}{R}$$

图 5.2

当 X 和 a 连在一起时，相当于绕组匝数增加到 $N_1 + N_2$。在 Ax 加 330 V 电压时，有

$$330 = 4.44f(N_1 + N_2)\Phi'_m, \quad \Phi'_m = \frac{(N_1 + N_2)I'_0}{R}$$

由于 $N_2 = \dfrac{1}{2}N_1$，显然，

$$\Phi'_m = \Phi_m, \quad I'_0 = \frac{2}{3}I_0$$

当把 X 和 x 连在一起时，相当于匝数减少到 $N_1 - N_2$。在 Aa 加 110 V 电压时，有

$$110 = 4.44f(N_1 - N_2)\Phi''_m, \quad \Phi''_m = \frac{(N_1 - N_2)I''_0}{R}$$

得

$$\Phi''_m = \Phi_m, \quad I''_0 = 2I_0$$

5.7 若抽掉变压器的铁心,一、二次绕组完全不变,行不行? 为什么?

答 不行。因为在主磁通一定的条件下,空气磁路的磁阻太大,励磁磁通势太大,造成比用铁心磁路时大得多的励磁电流,变压器运行时功率因数 $\cos\varphi_1$ 就会很低。当然 I_0 显著加大,I_0 成了原边电流 I_1 的主要部分,或加大运行时的损耗,或根本使变压器带不上负载,电流就已经很大。

5.8 变压器一次漏阻抗 $Z_1 = R_1 + jX_1$ 的大小是哪些因素决定的? 是常数吗?

答 变压器原边漏阻抗中的 R_1 是原绕组电阻。X_1 是原绕组漏电抗,满足 $X_1 = \omega L_{s1}$,其中 L_{s1} 是原绕组单位电流产生的原绕组漏磁链数,其大小与原绕组的匝数及漏磁路的磁阻有关;因此 X_1 与变压器的频率、原绕组匝数及漏磁路磁阻有关。对某台具体的变压器来讲,这些因素都固定不变,因此 X_1 也就是常数。

5.9 变压器励磁阻抗与磁路饱和程度有关系吗? 变压器正常运行时,其值可视为常数吗? 为什么?

答 励磁阻抗 $Z_m = R_m + jX_m$ 的大小随磁路饱和程度的改变而变,但变压器正常运行时,$U_1 = U_{1N}$ 不变,主磁通 Φ_m 不变,磁路饱和程度确定不变,因此励磁阻抗为一个确定不变的值。

5.10 变压器空载运行时,电源送入什么性质的功率? 消耗在哪里?

答 变压器空载运行时,电源送入最多的是无功功率,主要消耗在铁心磁路中,用于建立主磁场;还有很小一部分消耗在漏磁路中。电源还送入较少的有功功率,主要消耗在铁心磁路中的磁滞和涡流损耗;还有很小部分消耗在绕组的电阻上。

5.11 为什么变压器空载运行时功率因数很低?

答 变压器空载运行时一次电流就是励磁电流,由有功分量与无功分量组成。由于铁损耗小,有功分量 I_{0a} 小,而主要是建立磁场的无功分量 I_{0r};$\dot{I}_{0r}$ 与一次电压 $\dot{U}_1$ 近似相差 $90°$,$\dot{I}_{0r}$ 落后。因此空载运行时功率因数很低,为滞后性的。

5.12 实验时,变压器负载为可变电阻,需要加大负载时,应该怎样调节电阻值?

答 增大负载需要减小电阻值,加大电流 I_2。

5.13 变压器一次漏磁通 Φ_{s1} 由一次磁通势 $I_1 N_1$ 产生,空载运行和负载运行时无论磁通势或漏磁通都相差了几十倍,漏电抗 X_1 为何不变?

答 X_1 为常数,原因是一次绕组漏磁路主要是由变压器油或空气等非铁磁材料组成,可以看成为漏磁阻是常数,为线性磁路。因此,一次绕组漏磁通与它的磁通势成正比关系。空载运行时漏磁通为 Φ_{s1},磁通势为 $I_0 N_1$;负载运行时漏磁通为 Φ'_{s1},磁通势为 $I_1 N_1$,则 $\dfrac{\Phi_{s1}}{I_0 N_1} = \dfrac{\Phi'_{s1}}{I_1 N_1} = \dfrac{1}{R_{ms}} = k(k$ 为常数$)$,R_{ms} 为一次绕组漏磁路的磁阻。空载运行单位励磁电流产生的漏磁链为

$$L_{s1} = \frac{N_1 \Phi_{s1}}{\sqrt{2} I_0}$$

负载运行时,单位一次电流产生的漏磁链数为

$$L'_{s1} = \frac{N_1 \Phi'_{s1}}{\sqrt{2} I_1}$$

由于

$$\frac{\Phi_{s1}}{I_0} = \frac{\Phi'_{s1}}{I_1} \left(= \frac{N_1}{R_{ms}} \right),$$

因而

$$L'_{s1} = L_{s1} = 常数$$

$$X_1 = \omega L_{s1} = 常数$$

5.14 变压器运行时,二次侧电流若分别为 $0, 0.6I_{2N}, I_{2N}$ 时,一次侧电流应分别为多大? 与负载是电阻性、电感性或电容性有关吗?

答 二次侧电流分别为 $0, 0.6I_{2N}, I_{2N}$ 时,相应的一次侧电流分别为 $I_0, 0.6I_{1N}, I_{1N}$,与负载的性质几乎无关。

5.15 选择正确结论。

(1) 变压器采用从二次侧向一次侧折合算法的原则是_____。

A. 保持二次侧电流 I_2 不变

B. 保持二次侧电压为额定电压

C. 保持二次侧磁通势不变

D. 保持二次侧绕组漏阻抗不变

(2) 分析变压器时,若把一次侧向二次侧折合,则下面说法中正确的是_____。

A. 不允许折合

B. 保持一次侧磁通势不变

C. 一次侧电压折算关系是 $U'_1 = kU_1$

D. 一次侧电流折算关系是 $I'_1 = kI_1$,阻抗折算关系是 $Z'_1 = k^2 Z_1$

(3) 额定电压为 $220/110\ \text{V}$ 的单相变压器,高压侧漏电抗为 $0.3\ \Omega$,折合到二次侧后大小为_____。

A. $0.3\ \Omega$ B. $0.6\ \Omega$

C. $0.15\ \Omega$ D. $0.075\ \Omega$

(4) 额定电压为 $220/110\ \text{V}$ 的单相变压器,短路阻抗 $Z_k = 0.01 + \text{j}0.05\ \Omega$,负载阻抗为 $0.6 + \text{j}0.12\ \Omega$,从一次侧看进去总阻

抗大小为_____。

    A. $0.61+j0.17\ \Omega$ B. $0.16+j0.08\ \Omega$

    C. $2.41+j0.53\ \Omega$ D. $0.64+j0.32\ \Omega$

（5）某三相电力变压器的 $S_N = 500\ kV \cdot A, U_{1N}/U_{2N} =$ 10 000/400 V,Y,yn 接法,下面数据中有一个是它的励磁电流值,应该是_____。

    A. 28.78 A   B. 50 A

    C. 2 A   D. 10 A

（6）一台三相电力变压器的 $S_N = 560\ kV \cdot A, U_{1N}/U_{2N} =$ 10 000/400 V,D,y 接法,负载运行时不计励磁电流。若低压侧 $I_2 = 808.3\ A$,高压侧 I_1 应为_____。

    A. 808.3 A   B. 56 A

    C. 18.67 A   D. 32.33 A

答　(1)C；(2)B；(3)D；(4)C；(5)C；(6)D。

5.16　变压器运行时,一次侧电流标幺值分别为 0.6 和 0.9 时,二次侧电流标幺值应为多大?

答　当一次侧电流标幺值分别为 0.6 和 0.9 时,二次侧电流标幺值分别为 0.6 和 0.9。

5.17　某单相变压器的 $S_N = 22\ kV \cdot A, U_{1N}/U_{2N} = 220/110\ V$, 一、二次侧电压、电流、阻抗的基值各是多少?若一次侧电流 $I_1 = 50\ A$,二次侧电流标幺值是多大?若短路阻抗标幺值是 0.06,其实际值是多大?

答　(1)一次侧电压基值 $U_{1N} = 220\ V$,二次侧电压基值 $U_{2N} = 110\ V$；

一次侧电流基值

$$I_{1N} = \frac{S_N}{U_{1N}} = \frac{22 \times 10^3}{220} = 100\ A$$

二次侧电流基值

$$I_{2N} = \frac{S_N}{U_{2N}} = \frac{22 \times 10^3}{110} = 200 \text{ A}$$

一次侧阻抗基值

$$Z_{1N} = \frac{U_{1N}}{I_{1N}} = \frac{220}{100} = 2.2 \text{ } \Omega$$

二次侧阻抗基值

$$Z_{2N} = \frac{U_{2N}}{I_{2N}} = \frac{110}{200} = 0.55 \text{ } \Omega$$

（2）当一次侧电流 $I_1 = 50$ A 时，二次侧电流 $I_2 = 100$ A，二次侧电流标幺值为

$$\underline{I_2} = \frac{I_2}{I_{2N}} = \frac{100}{200} = 0.5$$

（3）当短路阻抗标幺值为 0.06 时，其实际值

$$Z_k = 0.06 Z_{1N} = 0.06 \times 2.2 = 0.132 \text{ } \Omega$$

5.18 请证明 $\underline{I_1} \underline{Z_k} = \underline{I_1 Z_k}$ 成立。

证 根据标幺值的定义，有

$$\underline{I_1 Z_k} = \frac{I_1 Z_k}{U_{1N}}$$

又由

$$\underline{I_1} \underline{Z_k} = \frac{I_1}{I_{1N}} \frac{Z_k}{Z_{1N}} = \frac{I_1}{I_{1N}} \frac{Z_k}{\frac{U_{1N}}{I_{1N}}} = \frac{I_1 Z_k}{U_{1N}}$$

因此二者相等，上面各量均指相值。

5.19 变压器短路实验时，电源送入的有功功率主要消耗在哪里？

答 短路实验时，输入的有功功率主要消耗在绕组电阻上。有很少一部分消耗到铁损耗上。原因是短路实验时，绕组中都流过额定电流，电阻上的铜损耗为额定运行时的大小。而短路实验时所加电压为短路电压 U_k，比额定电压低得多，这样铁心中的磁通 Φ_m 基本与电压成正比关系，Φ_m 也就比正常运行时小很多。由

于 Φ_m 小,B_m 小,磁滞、涡流损耗都小,铁损耗比正常运行时小很多,比铜损耗也小得多。

5.20 在高压边和低压边做空载实验,电源送入的有功功率相同吗? 测出的参数相同吗(不计误差)?

答 相同。空载实验时,输入功率即为变压器的铁损耗,无论在高压边还是在低压边加电压,都要加到额定电压,磁通 Φ_m 大小都一样,铁损耗就一样。短路实验时输入功率为变压器额定负载运行时的铜损耗,无论在高压边还是在低压边做,都要使电流达到额定值 I_{1N} 和 I_{2N},绕组中的损耗是一样的。

5.21 短路实验操作时,先短路,然后从零开始加大电压,这是为什么?

答 变压器短路时,输入阻抗为 $Z_k = Z_1 + Z_2'$,数值较小,要使电流达到额定值只需要加很低的电压就够了,所加电压为短路电压 U_k,只有额定电压的百分之几。因此在操作步骤上,应该先短路,而后从零逐渐升高电压,使电流达到额定值,这样可以保证不会产生过大电流烧毁变压器。若先加上电压再短路,往往会因短路以后电流过大而烧毁变压器。

5.22 变压器二次侧短路、一次侧接额定电压时,等效电路如图 5.3 所示,请证明稳态短路电流的标幺值等于 $1/\underline{Z_k}$。

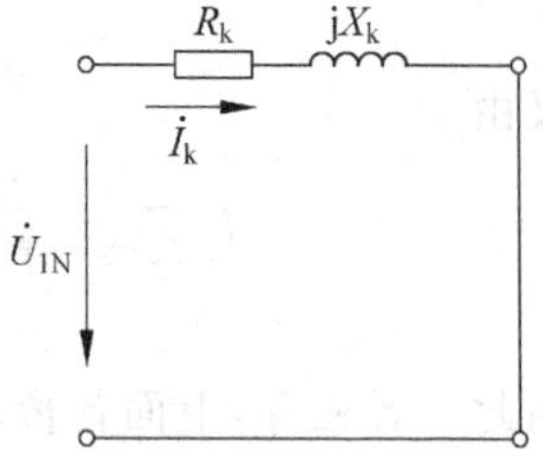

证 稳态短路电流为

$$I_k = \frac{U_{1N}}{Z_k}$$

图 5.3

短路电流与额定电流的比值,即 I_k 的标幺值为

$$\underline{I_k} = \frac{I_k}{I_{1N}} = \frac{U_{1N}}{Z_k I_{1N}} = \frac{\dfrac{U_{1N}}{I_{1N}}}{Z_k} = \frac{1}{\underline{Z_k}}$$

证毕。

5.23 选择正确结论。

(1) 某三相电力变压器带电阻电感性负载运行,负载系数相同的条件下,$\cos \varphi_2$ 越高,电压变化率 ΔU _____。

　　A. 越小　　　　B. 不变　　　　C. 越大

(2) 额定电压为 10 000/400 V 的三相变压器负载运行时,若二次侧电压为 410 V,负载的性质应是_____。

　　A. 电阻　　　　B. 电阻、电感　　　　C. 电阻、电容

(3) 短路阻抗标幺值不同的三台变压器,其 $\underline{Z_{k\alpha}} > \underline{Z_{k\beta}} > \underline{Z_{k\gamma}}$,它们分别带纯电阻额定负载运行,其电压变化率数值应该是_____。

　　A. $\Delta U_\alpha > \Delta U_\beta > \Delta U_\gamma$

　　B. $\Delta U_\alpha = \Delta U_\beta = \Delta U_\gamma$

　　C. $\Delta U_\alpha < \Delta U_\beta < \Delta U_\gamma$

答　(1)A;(2)C;(3)A。

5.24　变压器设计时为什么取 $p_0 < p_{kN}$? 如果取 $p_0 = p_{kN}$,最适合于带多大的负载?

答　电力变压器设计时一般取 $p_0 < p_{kN}$,可以使最高效率时的负载系数 $\beta_m = \sqrt{\dfrac{p_0}{p_{kN}}} < 1$,这样可以适合于变压器经常处于不满载运行的实际情况,得到实际较高的运行效率,并可提高经济效益。如果设计时取 $p_0 = p_{kN}$,那么 $\beta_m = 1$,适合于经常处于满载运行的变压器。

5.25　某台变压器带电阻电感性 $\cos \varphi_2 = 0.8$ 时的效率特性如图 5.4 所示,请在该图中定性画上 $\cos \varphi_2 = 1$,$\cos \varphi_2 = 0.8$ 及 $\cos \varphi_2 = 0.6$ 三种负载情况下的效率特性。

答　要求的三条效率特性如图 5.5 所示,其中曲线 1 对应 $\cos \varphi_2 = 1$,曲线 2 对应 $\cos \varphi_2 = 0.8$ 的情况,曲线 3 对应 $\cos \varphi_2 =$

0.6 的情况。三条曲线中的 β_m 是相同的;在同一个 β 下,$\cos \varphi_2$ 值越大,效率越高。

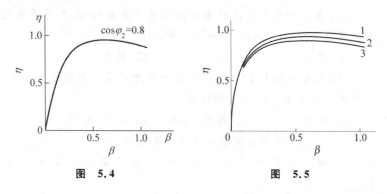

图 5.4　　　　　　　　图 5.5

5.26　标出图 5.6 中单相变压器高、低压绕组的首端、尾端及同极性端,要求它们的连接组别分别是 I,I0 和 I,I6。

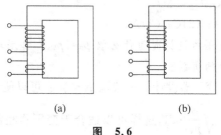

(a)　　　　　　(b)

图　5.6

解　高、低压绕组首尾端可以有不同的标法,但不论是哪一种标法,只要是首端 A 和 a 为同极性端,其连接组别标号是 0,而首端 A 与 a 为异极性端,其连接组别标号是 6,见图 5.7。

5.27　标出图 5.8 所示单相变压器的同极性端及其连接组别。

解　答案如图 5.9 所示。

5.28　原为 Y,y0 的三相变压器,若把二次 ax,by,cz 改为

xa,yb 和 zc,请分析改变后的连接组别。

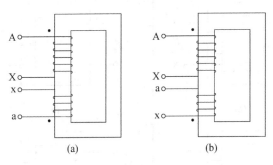

图 5.7

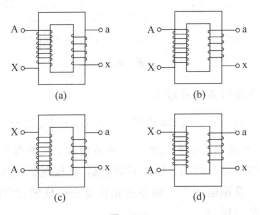

图 5.8

答 Y,y0 连接表明一次线电动势与二次相应的线电动势同相位。若把二次 ax,by,cz 改为 xa,yb,zc,相当于更改后的二次线电动势与更改前二次线电动势反相位。因此,更改后一次线电动势与二次相应线电动势反相位,连接组别应该是 Y,y6。

5.29 若三相变压器高、低压侧线电动势 $\dot{E}_{AB}$ 领先 $\dot{E}_{ab}$ 相位 210°,其连接组别标号是几?

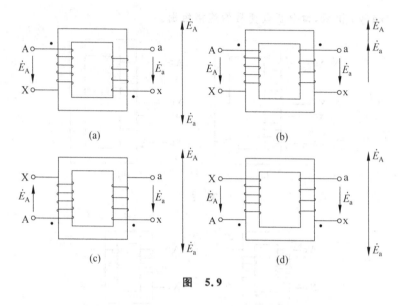

图　5.9

答　连接组别标号是 7。

5.30　如果依据高、低压侧电动势 $\dot{E}_{BC}$ 和 $\dot{E}_{bc}$ 的相位关系确定连接组别,与依据 $\dot{E}_{AB}$ 和 $\dot{E}_{ab}$ 的相位关系的结果一样吗?

答　结果是一样的。因为只要是高、低压侧相应的电动势(包括线电动势及相电动势),相差的相位都是一样的,所得连接组别标号也就是一样的。

5.31　变压器并联运行的条件是什么? 哪一个条件要求绝对严格?

答　变压器并联运行的条件有三个,即变比相等,连接组别相同,Z_k 一样大。其中,连接组别必须相同,要求绝对严格,不得有任何一点差错。

5.32　几台 Z_k 不等的变压器并联运行时,哪一台负载系数最大? 应使 Z_k 大的容量小还是容量大? 为什么?

答 Z_k 不等的变压器并联运行时,各台负载系数与 Z_k 成反比,因此 Z_k 最小的 β 最大。并联运行时,Z_k 大的容量小为好。这是因为 Z_k 最大的 β 最小,在并联运行时,不允许任何一台变压器长期超负荷运行,因此并联运行时最大的实际总容量比各台额定容量之和要小,只可能是满载的一台的额定容量加上其余欠载的各台实际容量。这样为了不浪费变压器容量,当然希望满载的一台(即 Z_k 最小的一台)容量最大;越欠载运行的,即 Z_k 越大的,容量越小越好。

5.33 自耦变压器的绕组容量为什么小于额定容量?

答 绕组容量比变压器额定容量小的原因是:变压器运行时一、二次侧有电路直接连接,有一部分容量即传导容量直接从一次侧传到二次侧,没有经过一、二次绕组的电磁感应作用传递。

5.34 选择正确结论。

(1) 单相双绕组变压器的 $S_N = 10\ kV \cdot A$,$U_{1N}/U_{2N} = 220/110\ V$,改接为 $330/110\ V$ 的自耦变压器,自耦变压器额定容量为_____。

  A. $10\ kV \cdot A$ B. $15\ kV \cdot A$

  C. $20\ kV \cdot A$ D. $5\ kV \cdot A$

(2) 第(1)小题中的变压器改接为 $330/220\ V$ 的自耦变压器时,自耦变压器的额定容量为_____。

  A. $10\ kV \cdot A$ B. $15\ kV \cdot A$ C. $20\ kV \cdot A$

  D. $6.7\ kV \cdot A$ E. $5\ kV \cdot A$ F. $30\ kV \cdot A$

答 (1)B;(2)F。

习题解答

5.1 额定容量 $S_N = 100\ kV \cdot A$、额定电压 $U_{1N}/U_{2N} =$

35 000/400 V 的三相变压器,求一、二次侧额定电流。

解 一次侧额定电流

$$I_{1N} = \frac{S_N}{\sqrt{3}\,U_{1N}} = \frac{100 \times 10^3}{\sqrt{3} \times 35\,000} = 1.65\,\text{A}$$

二次侧额定电流

$$I_{2N} = \frac{S_N}{\sqrt{3}\,U_{2N}} = \frac{100 \times 10^3}{\sqrt{3} \times 400} = 144.3\,\text{A}$$

5.2 计算下列变压器的变比:

(1) 额定电压 $U_{1N}/U_{2N} = 3300/220$ V 的单相变压器;

(2) 额定电压 $U_{1N}/U_{2N} = 10\,000/400$ V,Y,y 接法的三相变压器;

(3) 额定电压 $U_{1N}/U_{2N} = 10\,000/400$ V,Y,d 接法的三相变压器。

解 (1) 额定电压 $U_{1N}/U_{2N} = 3300/220$ V 的单相变压器的变比

$$k = \frac{U_{1N}}{U_{2N}} = \frac{3300}{220} = 15$$

(2) 额定电压 $U_{1N}/U_{2N} = 10\,000/400$ V,Y,y 接法三相变压器的变比

$$k = \frac{U_{1N}/\sqrt{3}}{U_{2N}/\sqrt{3}} = \frac{U_{1N}}{U_{2N}} = \frac{10\,000}{400} = 25$$

(3) 额定电压 $U_{1N}/U_{2N} = 10\,000/400$ V,Y,d 接法三相变压器的变比

$$k = \frac{U_{1N}/\sqrt{3}}{U_{2N}} = \frac{10\,000/\sqrt{3}}{400} = 14.4$$

5.3 有一台型号为 S-560/10 的三相变压器,额定电压 $U_{1N}/U_{2N} = 10\,000/400$ V,Y/Y$_0$ 接法,供给照明用电,若白炽灯额定值是 100 W,220 V,三相总共可接多少盏灯,变压器才不过载?

解 根据变压器型号可知额定容量为 $S_N = 560 \text{ kV} \cdot \text{A}$,变压器二次侧星形连接并带有零线,二次相电压为

$$\dot{U}_2 = \frac{U_{2N}}{\sqrt{3}} = \frac{400}{\sqrt{3}} = 230.9 \text{ V}$$

二次相电压与白炽灯额定电压相符合,变压器三相最多可供盏数为

$$N = \frac{S_N}{P} = \frac{560 \times 10^3}{100} = 5600$$

5.4 变压器一、二次侧电压和电动势正方向如图 5.10(a)所示,一次侧电压 u_1 的波形如图 5.10(b)所示。试画出电动势 e_1 和 e_2、主磁通 Φ、电压 u_2 的波形,并用相量图表示 $\dot{E}_1, \dot{E}_2, \dot{\Phi}_m, \dot{U}_2$ 与 $\dot{U}_1$ 的关系(忽略漏阻抗压降)。

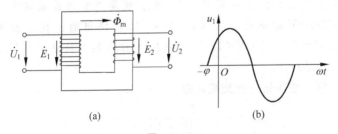

图 5.10

解 根据题中给定的正方向写出各量之间的关系为

$$\dot{U}_1 = -\dot{E}_1$$

$$\dot{E}_1 = -\text{j}4.44fN_1\dot{\Phi}_m$$

$$\dot{E}_2 = -\text{j}4.44fN_2\dot{\Phi}_m = \frac{1}{2}\dot{E}_1$$

$$\dot{E}_2 = -\dot{U}_2$$

画出各量的波形图如图 5.11(a)所示,图(b)为相量图。

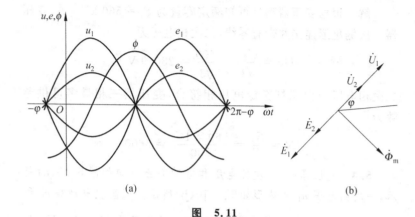

图 5.11

5.5 某单相变压器铁心的导磁截面积为 90 cm²，取其磁密最大值为 1.2 T，电源频率为 50 Hz。现要用它制成额定电压为 1000/220 V 的单相变压器，计算一、二次绕组的匝数应为多少（注：$E=4.44fNBS\times10^{-4}$，式中 E,f,B,S 的单位分别为 V，Hz，T 和 cm²）？

解 变压器一次绕组匝数

$$N_1=\frac{E_{1N}}{4.44fBS\times10^{-4}}$$

$$=\frac{1000}{4.44\times50\times1.2\times90\times10^{-4}}$$

$$=417$$

变压器二次绕组匝数

$$N_2=\frac{N_1}{k}=\frac{417}{\dfrac{1000}{220}}=92$$

5.6 一台单相降压变压器额定容量为 200 kV·A，额定电压为 1000/230 V，一次侧参数 $R_1=0.1\,\Omega$，$X_1=0.16\,\Omega$，$R_m=5.5\,\Omega$，

$X_m = 63.5 \ \Omega$。带额定负载运行时,已知 $\dot{I}_{1N}$ 落后于 $\dot{U}_{1N}$ 相位角为 $30°$,求空载与额定负载时的一次侧漏阻抗压降及电动势 E_1 的大小。并比较空载与额定负载时的数据,由此说明空载和负载运行时有 $\dot{U}_1 \approx -\dot{E}_1$,$E_1$ 不变,Φ_m 不变。

解 一次侧漏阻抗
$$Z_1 = R_1 + jX_1 = 0.1 + j0.16 \ \Omega$$
$$= 0.1887 \underline{/58°} \ \Omega$$

励磁阻抗
$$Z_m = R_m + jX_m = 5.5 + j63.5$$
$$= 63.738 \underline{/85°} \ \Omega$$

空载时一次侧看进去的输入阻抗
$$Z = Z_1 + Z_m = 0.1 + j0.16 + 5.5 + j63.5$$
$$= 63.906 \underline{/85°} \ \Omega$$

空载运行时的励磁电流
$$\dot{I}_0 = \frac{\dot{U}_{1N}}{Z} = \frac{1000 \underline{/0°}}{63.906 \underline{/85°}}$$
$$= 15.648 \underline{/-85°} \ A$$

空载运行时的一次侧漏阻抗压降
$$\dot{I}_0 Z_1 = 15.648 \underline{/-85°} \times 0.1887 \underline{/58°}$$
$$= 2.95 \underline{/-27°} \ V$$

空载运行时,一次侧感应电动势
$$\dot{E}_1 = -\dot{I}_0 Z_1 = -15.648 \underline{/-85°} \times 63.738 \underline{/85°}$$
$$= -997.37 \underline{/0°} = 997.37 \underline{/180°} \ V$$

负载运行时,一次侧电流为额定值
$$I_{1N} = \frac{S_N}{U_{1N}} = \frac{200 \times 10^3}{1000} = 200 \ A$$
$$\dot{I}_{1N} = 200 \underline{/-30°} \ A$$

负载运行时,一次侧漏阻抗压降

$$\dot{I}_1 Z_1 = 200\ \underline{/-30°} \times 0.1887\ \underline{/58°}$$
$$= 37.74\ \underline{/28°}\ \text{V}$$
$$= 33.32 + \text{j}17.72\ \text{V}$$

负载运行时的一次侧感应电动势为

$$\dot{E}_1 = -\dot{U}_{1N} + \dot{I}_1 Z_1 = -1000 + (33.32 + \text{j}17.72)$$
$$= -966.68 + \text{j}17.72 = 966.84\ \underline{/179°}\ \text{V}$$

比较空载运行与负载运行时一次侧感应电动势及 $\dot{U}_1$ 的数据为

$$\dot{U}_1 = 1000\ \underline{/0°}\ \text{V}$$

空载时

$$\dot{E}_1 = 997.37\ \underline{/180°}\ \text{V}$$
$$\frac{U_{1N} - E_1}{U_{1N}} = 0.3\%$$

额定负载时

$$\dot{E}_1 = 966.84\ \underline{/179°}\ \text{V}$$
$$\frac{U_{1N} - E_1}{U_{1N}} = 3.3\%$$

因此可以认为变压器空载与负载运行时均有 $\dot{U}_1 \approx -\dot{E}_1$ 的结论,即 $\dot{E}_1$ 大小不变,$\dot{\Phi}_m$ 不变。

5.7 某铁心线圈接到 110 V 交流电源上时,测出输入功率 $P_1 = 10$ W,电流 $I = 0.5$ A;把铁心取出后,测得输入功率 $P_1 = 100$ W,电流 $I = 76$ A。不计漏磁,画出该铁心线圈在电压为 110 V 时的等效电路并计算参数值(串联型式的)。

解 等效电路如图 5.12 所示。R 为线圈电阻,R_m 为铁心损耗等效电阻,X_m 为励磁电抗。

根据铁心取出后测得的输入功率和电流,计算 R 如下:

$$R = \frac{P_1}{I^2} = \frac{100}{76^2} = 0.0173 \ \Omega$$

根据有铁心时测得的输入功率和电流,计算 R_m 和 X_m 如下:

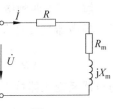

图 5.12

$$R + R_m = \frac{P_1}{I^2} = \frac{10}{0.5^2} = 40 \ \Omega$$

$$R_m = (R + R_m) - R = 40 - 0.0173 = 39.98 \ \Omega$$

$$X_m = \sqrt{\left(\frac{U}{I}\right)^2 - (R + R_m)^2} = \sqrt{\left(\frac{110}{0.5}\right)^2 - 40^2}$$

$$= 216.3 \ \Omega$$

5.8 晶体管功率放大器从输出信号来说相当于一个交流电源,若其电动势为 $E_s = 8.5 \ V$,内阻 $R_s = 72 \ \Omega$;另有一扬声器,电阻为 $R = 8 \ \Omega$。现采用两种方法把扬声器接入放大器电路作负载,一种是直接接入,一种是经过变比为 $k = 3$ 的变压器接入,如图 5.13 所示。若忽略变压器的漏阻抗及励磁电流。

(1) 求两种接法时扬声器获得的功率;

(2) 欲使放大器输出功率最大,变压器变比应设计为多少?

(3) 变压器在电路中的作用是什么?

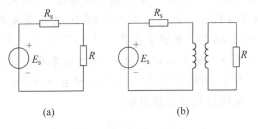

(a)　　　　　　　　(b)

图 5.13

解 (1)两种接法时扬声器获得的功率计算。

扬声器直接接入时获得的功率

$$P = \left(\frac{E_s}{R_s + R}\right)^2 R = \left(\frac{8.5}{72 + 8}\right)^2 \times 8 = 0.09 \text{ W}$$

扬声器经变压器接入时获得的功率

$$P' = \left(\frac{E_s}{R_s + R'}\right)^2 R' = \left(\frac{E_s}{R_s + k^2 R}\right)^2 k^2 R$$

$$= \left(\frac{8.5}{72 + 3^2 \times 8}\right)^2 \times 3^2 \times 8 = 0.25 \text{ W}$$

(2)欲使放大器输出功率最大,变压器变比 k 的计算。

输出功率表达式

$$P = \left(\frac{E_s}{R_s + k^2 R}\right)^2 k^2 R$$

对上式求导,根据导数为 0 时 k 取最大值可求得

$$k = \sqrt{\frac{R_s}{R}} = \sqrt{\frac{72}{8}} = 3$$

(3)变压器在电路中的作用是:利用变压器的阻抗变换作用实现扬声器阻抗与功率放大器内阻的阻抗匹配,使扬声器获得最大功率。

5.9 一台三相变压器 Y/Y 接法,额定数据为 $S_N = 200 \text{ kV} \cdot \text{A}$,1000/400 V。一次侧接额定电压,二次侧接三相对称负载,每相负载阻抗为 $Z_L = 0.96 + j0.48 \ \Omega$,变压器每相短路阻抗 $Z_k = 0.15 + j0.35 \ \Omega$。求该变压器一次侧电流、二次侧电流、二次侧电压各为多少?输入的视在功率、有功功率和无功功率各为多少?输出的视在功率、有功功率、无功功率各为多少?

解 一次侧每相电压额定值

$$U_1 = \frac{U_{1N}}{\sqrt{3}} = \frac{1000}{\sqrt{3}} = 577.4 \text{ V}$$

变压器变比

$$k = \frac{U_1}{U_2} = \frac{U_{1N}}{U_{2N}} = \frac{1000}{400} = 2.5$$

负载阻抗折算值

$$Z'_L = k^2 Z_L = 2.5^2 \times (0.96 + j0.48) = 6 + j3 \ \Omega$$

每相总阻抗

$$Z = Z_k + Z'_L = 0.15 + j0.35 + 6 + j3$$
$$= 6.15 + j3.35 \ \Omega = 7.003 \underline{/28.58°} \ \Omega$$

一次侧电流

$$I_1 = \frac{U_1}{Z} = \frac{577.4}{7.003} = 82.45 \ A$$

二次侧电流

$$I_2 = kI_1 = 2.5 \times 82.45 = 206.1 \ A$$

二次侧线电压(负载电压)

$$U_L = \sqrt{3} I_2 Z_L = \sqrt{3} \times 206.1 \times | \ 0.96 + j0.48 \ |$$
$$= 383.1 \ V$$

输入视在功率

$$S_1 = \sqrt{3} U_{1N} \cdot I_1 = \sqrt{3} \times 1000 \times 82.45 = 142.8 \ kV \cdot A$$

输入有功功率

$$P_1 = S_1 \cos \varphi_1 = 142.8 \times \cos 28.58° = 125.4 \ kW$$

输入无功功率

$$Q_1 = S_1 \sin \varphi_1 = 142.8 \sin 28.58° = 68.31 \ kvar$$

输出视在功率

$$S_2 = \sqrt{3} U_L I_2 = \sqrt{3} \times 383.1 \times 206.1 = 136.8 \ kV \cdot A$$

输出有功功率

$$P_2 = S_2 \cos \varphi_2 = 136.8 \times \frac{0.96}{\sqrt{0.96^2 + 0.48^2}} = 122.4 \ kW$$

输出无功功率

$$Q_2 = S_2 \sin \varphi_2 = 136.8 \times \frac{0.48}{\sqrt{0.96^2 + 0.48^2}} = 61.18 \text{ kvar}$$

5.10 某台 1000 kV·A 的三相电力变压器，额定电压为 $U_{1N}/U_{2N} = 10\,000/3300$ V，Y/△接法。短路阻抗标幺值 $\underline{Z}_k = 0.015 + j0.053$，带三相△接法对称负载，每相负载阻抗为 $Z_L = 50 + j85\ \Omega$，试求一次侧电流 I_1、二次侧电流 I_2 和电压 U_2。

解 一次侧相电压额定值

$$U_1 = \frac{U_{1N}}{\sqrt{3}}$$

一次侧相电流额定值

$$I_{1N} = \frac{S_N}{\sqrt{3}U_{1N}}$$

一次侧相阻抗基值

$$Z_{N1} = \frac{U_1}{I_{1N}} = \frac{U_{1N}^2}{S_N} = \frac{10\,000^2}{1000 \times 10^3} = 100\ \Omega$$

短路阻抗实际值

$$Z_k = \underline{Z}_k Z_{N1} = (0.015 + j0.053) \times 100$$
$$= 1.5 + j5.3\ \Omega$$

二次侧每相电压

$$U_2 = U_{2N} = 3300\ \text{V}$$

变压器变比

$$k = \frac{U_1}{U_2} = \frac{U_{1N}}{\sqrt{3}U_{2N}} = \frac{10\,000}{\sqrt{3} \times 3300} = 1.75$$

负载阻抗折合值

$$Z'_L = k^2 Z_L = 1.75^2 \times (50 + j85)$$
$$= 153.1 + j260.2\ \Omega$$

每相总阻抗

$$Z = Z_k + Z'_L = 1.5 + j5.3 + 153.1 + j260.2$$

$$=154.6 + j265.5 = 307.23 \underline{/59.79°}\ \Omega$$

一次侧电流

$$I_1 = \frac{U_1}{Z} = \frac{10\ 000}{\sqrt{3} \times 307.23} = 18.79\ \text{A}$$

二次侧电流

$$I_2 = \sqrt{3}kI_1 = \sqrt{3} \times 1.75 \times 18.79 = 56.96\ \text{A}$$

二次侧电压

$$U_1 = kI_1 Z_L = 1.75 \times 18.79 \times \sqrt{50^2 + 85^2}$$
$$= 3242.7\ \text{V}$$

5.11 设有一台 $600\ \text{kV·A}, 35/6.3\ \text{kV}$ 的单相双绕组变压器,当有额定电流通过时,变压器内部的漏阻抗压降占额定电压的 6.5%,绕组中的铜损耗为 $9.50\ \text{kW}$(认为是 $75\,℃$ 时的数值);当在一次绕组上外加额定电压时,空载电流占额定电流的 5.5%,功率因数为 0.10。

(1) 求该变压器的短路阻抗和励磁阻抗;

(2) 当一次绕组外加额定电压,二次绕组外接一阻抗 $Z_L = 80\ \underline{/40°}\ \Omega$ 的负载时,求 U_2, I_1 及 I_2。

解 (1) 短路阻抗和励磁阻抗计算。

一次绕组额定电流

$$I_{1N} = \frac{S_N}{U_{1N}} = \frac{600 \times 10^3}{35 \times 10^3} = 17.14\ \text{A}$$

短路阻抗

$$Z_k = 6.5\% \times \frac{U_{1N}}{I_{1N}}$$

$$= 6.5\% \times \frac{35 \times 10^3}{17.14} = 132.7\ \Omega$$

短路电阻

$$R_k = \frac{P_{Cu}}{I_{1N}^2} = \frac{9.5 \times 10^3}{17.14^2} = 32.34\ \Omega$$

短路电抗
$$X_k = \sqrt{Z_k^2 - R_k^2} = \sqrt{132.7^2 - 32.34^2} = 128.7 \ \Omega$$

空载电流
$$I_0 = 5.5\% \times I_{1N} = 5.5\% \times 17.14 = 0.943 \ A$$

励磁阻抗
$$Z_m = \frac{U_{1N}}{I_0} = \frac{35 \times 10^3}{0.943} = 37.12 \times 10^3 \ \Omega$$

励磁电阻
$$R_m = Z_m \cos \varphi_0 = 37.12 \times 10^3 \times 0.1$$
$$= 3.712 \times 10^3 \ \Omega$$

励磁电抗
$$X_m = \sqrt{Z_m^2 - R_m^2}$$
$$= \sqrt{(37.12 \times 10^3)^2 - (3.712 \times 10^3)^2}$$
$$= 36.93 \times 10^3 \ \Omega$$

（2）二次侧电压 U_2、一次侧电流 I_1 及二次侧电流 I_2 的计算。

变比
$$k = \frac{U_{1N}}{U_{2N}} = \frac{35}{6.3} = 5.556$$

负载阻抗折算值
$$Z'_L = k^2 Z_L = 5.556^2 \times 80 \ \underline{/40^\circ} = 2469 \ \underline{/40^\circ} \ \Omega$$

总阻抗
$$Z = Z_k + Z'_L = 32.34 + j128.7 + 2469 \ \underline{/40^\circ}$$
$$= 2577 \ \underline{/41.7^\circ} \ \Omega$$

一次侧电流
$$I_1 = \frac{U_{1N}}{Z} = \frac{35 \times 10^3}{2577} = 13.58 \ A$$

二次侧电流

$$I_2 = kI_1 = 5.556 \times 13.58 = 75.46 \text{ A}$$

二次侧电压

$$U_2 = Z_L I_2 = 80 \times 75.46 = 6037 \text{ V} = 6.037 \text{ kV}$$

5.12 三相变压器的型号为 S-750/10,额定电压为 10 000/400 V,Y/△连接。在低压侧做空载试验数据为:电压 $U_{20} = 400$ V,电流 $I_0 = 65$ A,空载损耗 $p_0 = 3.7$ kW。在高压侧做短路试验数据为:电压 $U_{1k} = 450$ V,电流 $I_{1k} = 35$ A,短路损耗 $p_k = 7.5$ kW,室温 30℃。求变压器的参数,画出 T 型等效电路,假设 $Z_1 \approx Z_2'$,$R_1 \approx R_2'$,$X_1 \approx X_2'$。

解 (1)低压侧励磁参数的计算。

励磁阻抗

$$Z_m' = \frac{U_{20}}{\dfrac{I_0}{\sqrt{3}}} = \frac{400}{\dfrac{65}{\sqrt{3}}} = 10.66 \ \Omega$$

励磁电阻

$$R_m' = \frac{p_0}{3 \times \left(\dfrac{I_0}{\sqrt{3}}\right)^2} = \frac{p_0}{I_0^2} = \frac{3.7 \times 10^3}{65^2} = 0.8757 \ \Omega$$

励磁电抗

$$X_m' = \sqrt{Z_m'^2 - R_m'^2} = \sqrt{10.66^2 - 0.8757^2} = 10.62 \ \Omega$$

(2)励磁参数折算到高压侧的计算。

变比

$$k = \frac{U_{1N}}{\sqrt{3}U_{2N}} = \frac{10\ 000}{\sqrt{3} \times 400} = 14.43$$

励磁电阻

$$R_m = k^2 R_m' = 14.43^2 \times 0.8757 = 182.4 \ \Omega$$

励磁电抗

$$X_m = k^2 X_m' = 14.43^2 \times 10.62 = 2211 \ \Omega$$

（3）高压侧短路参数的计算。

短路阻抗

$$Z_k = \frac{U_{1k}}{\sqrt{3}\,I_{1k}} = \frac{450}{\sqrt{3} \times 35} = 7.423 \; \Omega$$

短路电阻

$$R_k = \frac{p_k}{3I_{1k}^2} = \frac{7.5 \times 10^3}{3 \times 35^2} = 2.041 \; \Omega$$

短路电抗

$$X_k = \sqrt{Z_k^2 - R_k^2} = \sqrt{7.423^2 - 2.041^2} = 7.137 \; \Omega$$

短路电阻折算到75℃标准温度后，

$$R_{k75℃} = R_k \frac{234.5 + 75}{234.5 + \theta}$$

$$= 2.041 \times \frac{234.5 + 75}{234.5 + 30}$$

$$= 2.388 \; \Omega$$

高压侧绕组电阻 R_1 及低压侧绕组电阻折算值 R_2' 为

$$R_1 = R_2' = \frac{1}{2}R_{k75℃} = \frac{1}{2} \times 2.388 = 1.194 \; \Omega$$

高压侧绕组漏电抗 X_1 及低压侧绕组漏电抗折算值 X_2' 为

$$X_1 = X_2' = \frac{1}{2}X_k = \frac{1}{2} \times 7.137 = 3.569 \; \Omega$$

5.13 习题 5.12 中变压器带感性额定负载时，$\cos\varphi_2 = 0.8$，求二次侧电压变化率 ΔU、二次侧电压 U_2 及效率 η。若 $\cos\varphi_2 = 0.8$ 容性额定负载时，重求上述各值。画出两种情况下的简化相量图（计算性能，用 75℃ 时的参数值）。

解 （1）短路参数标幺值计算。

一次额定相电压

$$U_1 = \frac{U_{1N}}{\sqrt{3}} = \frac{10\,000}{\sqrt{3}} = 5774 \; V$$

一次额定相电流

$$I_{1N} = \frac{S_N}{\sqrt{3}U_{1N}} = \frac{750 \times 10^3}{\sqrt{3} \times 10\,000} = 43.30 \text{ A}$$

阻抗基值

$$Z_{1N} = \frac{U_1}{I_{1N}} = \frac{5774}{43.30} = 133.3 \text{ } \Omega$$

短路电阻标幺值

$$\underline{R_{k75℃}} = \frac{R_{k75℃}}{Z_{1N}} = \frac{2.388}{133.3} = 0.017\,91$$

短路电抗标幺值

$$\underline{X_k} = \frac{X_k}{Z_{1N}} = \frac{7.137}{133.3} = 0.053\,54$$

（2）变压器带感性额定负载，$\cos \varphi_2 = 0.8$。

二次电压变化率

$$\Delta U = \underline{R_{k75℃}} \cos \varphi_2 + \underline{X_k} \sin \varphi_2$$
$$= 0.017\,91 \times 0.8 + 0.053\,54 \times 0.6$$
$$= 0.046\,45$$

二次侧电压

$$U_2 = (1 - \Delta U)U_{2N} = (1 - 0.046\,45) \times 400$$
$$= 381.4 \text{ V}$$

效率

$$\eta = 1 - \frac{p_0 + p_{k75℃}}{S_N \cos \varphi_2 + p_0 + p_{k75℃}}$$
$$= 1 - \frac{3700 + 3 \times 43.3^2 \times 2.388}{750 \times 10^3 \times 0.8 + 3700 + 3 \times 43.3^2 \times 2.388}$$
$$= 97.22\%$$

相量图见图 5.14。

（3）变压器带容性额定负载，$\cos \varphi_2 = 0.8$。

二次侧电压变化率

$$\Delta U = R_{k75℃}\cos\varphi_2 + X_k\sin\varphi_2$$
$$= 0.017\,91 \times 0.8 + 0.053\,54 \times (-0.6)$$
$$= -0.017\,80$$

二次侧电压

$$U_2 = (1 - \Delta U)U_{2N} = (1 + 0.017\,80) \times 400 = 407.1\text{ V}$$

效率与感性负载时相同,即

$$\eta = 97.22\%$$

相量图见图 5.15。

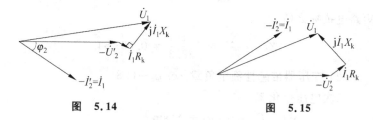

图 5.14   图 5.15

5.14 三相变压器额定值为 $S_N = 5600$ kV · A,$U_{1N}/U_{2N} = 35\,000/6300$ V,Y/△ 连接。从短路试验得:$U_{1k} = 2610$ V,$I_{1k} = 92.3$ A,$p_k = 53$ kW。当 $U_1 = U_{1N}$ 时,$I_2 = I_{2N}$,测得电压恰为额定值 $U_2 = U_{2N}$,求此时负载的性质及功率因数角 φ 的大小(不考虑温度影响)。

解 短路阻抗

$$Z_{1k} = \frac{U_{1k}}{\sqrt{3}\,I_{1k}} = \frac{2610}{\sqrt{3} \times 92.3} = 16.33\ \Omega$$

短路电阻

$$R_{1k} = \frac{p_k}{3 \times I_{1k}^2} = \frac{53 \times 10^3}{3 \times 92.3^2} = 2.074\ \Omega$$

短路电抗

$$X_{1k} = \sqrt{Z_{1k}^2 - R_{1k}^2} = \sqrt{16.33^2 - 2.074^2} = 16.20\ \Omega$$

阻抗基准值

$$Z_{1N} = \frac{U_{1N}/\sqrt{3}}{\dfrac{S_N}{\sqrt{3}U_{1N}}} = \frac{U_{1N}^2}{S_N} = \frac{35\,000^2}{5600 \times 10^3} = 218.75 \ \Omega$$

短路电阻标幺值

$$\underline{R}_k = \frac{R_{1k}}{Z_{1N}} = \frac{2.074}{218.75} = 0.009\,481$$

短路电抗标幺值

$$\underline{X}_k = \frac{X_{1k}}{Z_{1N}} = \frac{16.20}{218.75} = 0.074\,06$$

当 $U_1 = U_{1N}$ 时，$I_2 = I_{2N}$，即负载系数 $\beta = 1$，$U_2 = U_{2N}$，即二次电压变化率为 0，

$$\Delta U = \underline{R}_k \cos \varphi_2 + \underline{X}_k \sin \varphi_2 = 0$$

化简得

$$\tan \varphi_2 = -\frac{\underline{R}_k}{\underline{X}_k} = -\frac{0.009\,481}{0.074\,06} = -0.1280$$

所以

$$\varphi_2 = -7.30°$$

负载为容性。

5.15 额定频率为 50 Hz，额定负载功率因数为 0.8 滞后，电压变化率为 10% 的变压器，现将它接上 60 Hz 的电源，电流与电压保持额定值，并仍旧使其在功率因数为 0.8 滞后的负载下使用，试求此时的电压变化率。已知在额定状态下的电抗压降为电阻压降的 10 倍。

解 $f = 50$ Hz 时，额定电压变化率为

$$\Delta U = \underline{R}_k \cos \varphi_2 + \underline{X}_k \sin \varphi_2$$

已知 $\underline{X}_k = 10\,\underline{R}_k$，$\cos \varphi_2 = 0.8$，$\sin \varphi_2 = 0.6$（滞后），则

$$10\% = \underline{R}_k \times 0.8 + 10\,\underline{R}_k \times 0.6 = 6.8\,\underline{R}_k$$

得

$$R_k = 0.0147, \quad X_k = 0.147$$

$f = 60$ Hz 时，$X_k \propto f$，因此短路电抗为 $1.2 X_k$，此时额定电压变化率为

$$\Delta U = R_k \cos \varphi_2 + 1.2 X_k \sin \varphi_2$$
$$= 0.0147 \times 0.8 + 1.2 \times 10 \times 0.0147 \times 0.6$$
$$= 11.76\%$$

5.16 三相变压器的额定容量为 5600 kV·A，额定电压为 $6000/400$ V，Y/△连接。在一次侧做短路试验，$U_k = 280$ V，得到 $75℃$ 时的短路损耗 $p_{kN} = 56$ kW，空载试验测得 $p_0 = 18$ kW。当每相负载阻抗值 $Z_L = 0.1 + j0.06 \ \Omega$，△接法时，求：

(1) I_1, I_2, β, U_2 及 η（电压电流指线值）；

(2) 该变压器效率最高时的负载系数 β_m 及最高效率。

解 (1) I_1, I_2, β, U_2 及 η 计算。

变压器短路阻抗

$$Z_k = \frac{U_k/\sqrt{3}}{\dfrac{S_N}{\sqrt{3}U_{1N}}} = \frac{280}{\dfrac{5600 \times 10^3}{6000}} = 0.3 \ \Omega$$

短路电阻

$$R_k = \frac{\dfrac{p_{kN}}{3}}{\left(\dfrac{S_N}{\sqrt{3}U_{1N}}\right)^2} = \frac{56 \times 10^3}{\left(\dfrac{5600 \times 10^3}{6000}\right)^2} = 0.0643 \ \Omega$$

短路电抗

$$X_k = \sqrt{Z_k^2 - R_k^2} = \sqrt{0.3^2 - 0.0643^2} = 0.293 \ \Omega$$

变比

$$k = \frac{U_{1N}/\sqrt{3}}{U_{2N}} = \frac{6000/\sqrt{3}}{400} = 8.66$$

$$k^2 = 75$$

负载阻抗折算值

$$Z'_L = k^2 Z_L = 75 \times (0.1 + j0.06)$$
$$= 7.5 + j4.5 \ \Omega$$

每相总阻抗

$$Z = Z_k + Z'_L = 0.0643 + j0.293 + 7.5 + j4.5$$
$$= 7.5643 + j4.793 \ \Omega$$

一次侧电流

$$I_1 = \frac{U_{1N}/\sqrt{3}}{Z} = \frac{6000/\sqrt{3}}{\sqrt{7.5643^2 + 4.793^2}} = 386.8 \ \text{A}$$

二次侧电流

$$I_2 = \sqrt{3}\, k I_1 = \sqrt{3} \times 8.66 \times 386.8 = 5801.7 \ \text{A}$$

负载系数

$$\beta = \frac{I_1}{I_{1N}} = \frac{I_1}{\dfrac{S_N}{\sqrt{3}\, U_{1N}}} = \frac{386.8}{\dfrac{5600 \times 10^3}{\sqrt{3} \times 6000}} = 0.718$$

二次侧电压

$$U_2 = k I_1 Z_L = 8.66 \times 386.8 \times \sqrt{0.1^2 + 0.06^2}$$
$$= 390.6 \ \text{V}$$

负载功率因数

$$\cos\varphi_2 = \frac{R_L}{Z_L} = \frac{7.5}{\sqrt{7.5^2 + 4.5^2}} = 0.8575$$

负载运行时的效率

$$\eta = 1 - \frac{p_0 + \beta^2 p_{kN}}{\beta S_N \cos\varphi_2 + p_0 + \beta^2 p_{kN}}$$
$$= 1 - \frac{18 \times 10^3 + 0.718^2 \times 56 \times 10^3}{0.718 \times 5600 \times 10^3 \times 0.8575 + 18 \times 10^3 + 0.718^2 \times 56 \times 10^3}$$
$$= 98.59\%$$

(2) 变压器最高效率时 β_{m} 及 $\eta_{\max}$ 计算。

效率最高时,负载系数

$$\beta_{\mathrm{m}} = \sqrt{\frac{p_0}{p_{\mathrm{kN}}}} = \sqrt{\frac{18}{56}} = 0.567$$

变压器效率最高的条件是 $\beta = \beta_{\mathrm{m}}$, $\cos\varphi_2 = 1$, 故

$$\eta_{\max} = 1 - \frac{p_0 + \beta_{\mathrm{m}}^2 p_{\mathrm{kN}}}{\beta_{\mathrm{m}} S_{\mathrm{N}} + p_0 + \beta_{\mathrm{m}}^2 p_{\mathrm{kN}}}$$

$$= 1 - \frac{18 \times 10^3 + 18 \times 10^3}{0.567 \times 5600 \times 10^3 + 18 \times 10^3 + 0.567^2 \times 56 \times 10^3}$$

$$= 98.88\%$$

5.17　根据图 5.16 中的四台三相变压器绕组接线确定其连接组别,要求画出绕组电动势相量图。

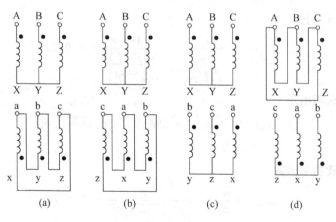

图　5.16

解　(1) 见图 5.17(a),Y,d5 连接。

(2) 见图 5.17(b),Y,d9 连接。

(3) 见图 5.17(c),Y,y8 连接。

(4) 见图 5.17(d),D,y9 连接。

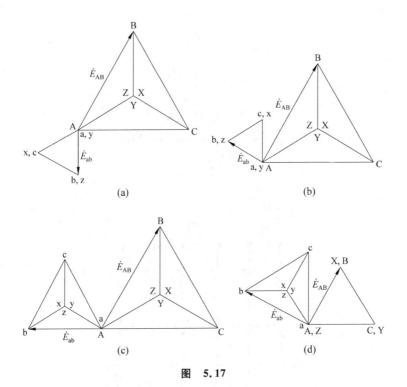

图 5.17

5.18 画出下列连接组别的绕组接线图:

(1) Y,d3;

(2) D,y1。

解 (1) 见图 5.18;

(2) 见图 5.19。

5.19 两台变压器并联运行,其中 α 变压器额定容量 $S_{N\alpha}$ 为 20 000 kV·A, $\underline{Z}_k = 0.08$,β 变压器容量 $S_{N\beta}$ 为 10 000 kV·A, $\underline{Z}_k = 0.06$,如果一次侧总负载电流为 $I_1 = 200$ A,试求两台变压器的一次侧电流各为多少。

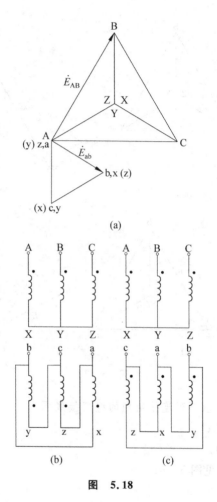

图 5.18

解 两台变压器额定电流之间的关系为

$$\frac{I_{N\alpha}}{I_{N\beta}} = \frac{S_{N\alpha}}{S_{N\beta}} = \frac{20\,000}{10\,000} = 2$$

根据变压器并联运行负载分配规律，

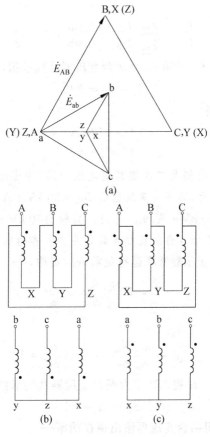

图 5.19

$$\frac{I_\alpha}{I_\beta} = \frac{Z_{k\beta}}{Z_{k\alpha}}$$

即

$$\frac{I_\alpha/I_{N\alpha}}{I_\beta/I_{N\beta}} = \frac{I_\alpha}{I_\beta}\frac{I_{N\beta}}{I_{N\alpha}} = \frac{Z_{k\beta}}{Z_{k\alpha}}$$

得

$$\frac{I_\alpha}{I_\beta} = \frac{Z_{k\beta}}{Z_{k\alpha}} \frac{I_{N\alpha}}{I_{N\beta}} = \frac{0.06}{0.08} \times 2 = \frac{3}{2}$$

负载总电流为 $I_1 = 200$ A,由两台变压器共同承担,即

$$I_\alpha + I_\beta = 200$$

解以上两式,得

$$I_\alpha = 120 \text{ A}$$

$$I_\beta = 80 \text{ A}$$

5.20 一次侧及二次侧额定电压相同、连接组别一样的两台变压器并联运行,其中 α 变压器的 $S_{N\alpha} = 30$ kV·A,$u_{k\alpha} = 3\%$;β 压器的 $S_{N\beta} = 50$ kV·A,$u_{k\beta} = 5\%$。当输出 70 kV·A 的视在功率时,求两台变压器各自的负载系数是多少?各输出多少视在功率?

解 根据变压器并联运行负载分配规律,

$$\frac{S_\alpha}{S_\beta} = \frac{S_\alpha / S_{N\alpha}}{S_\beta / S_{N\beta}} = \frac{u_{k\beta}}{u_{k\alpha}}$$

得

$$\frac{S_\alpha}{S_\beta} = \frac{u_{k\beta}}{u_{k\alpha}} \frac{S_{N\alpha}}{S_{N\beta}} = \frac{5}{3} \times \frac{30}{50} = 1$$

输出的 70 kV·A 视在功率由两台变压器共同承担,即

$$S_\alpha + S_\beta = 70$$

解以上两式,得两台变压器输出视在功率

$$S_\alpha = S_\beta = 35 \text{ kV·A}$$

负载系数

$$\beta_\alpha = \frac{S_\alpha}{S_{N\alpha}} = \frac{35}{30} = 1.167$$

$$\beta_\beta = \frac{S_\beta}{S_{N\beta}} = \frac{35}{50} = 0.7$$

5.21 某变电所有 Y,yn0 连接组别的三台变压器并联运行,

各自数据如下：

(1) $S_{N\alpha}=3200$ kV・A,$U_{1N}/U_{2N}=35/6.3$ kV,$u_{k\alpha}=6.9\%$;

(2) $S_{N\beta}=5600$ kV・A,$U_{1N}/U_{2N}=35/6.3$ kV,$u_{k\beta}=7.5\%$;

(3) $S_{N\gamma}=3200$ kV・A,$U_{1N}/U_{2N}=35/6.3$ kV,$u_{k\gamma}=7.6\%$。

试计算：

(1) 总输出容量为 10 000 kV・A 时,各台变压器分担的负载(容量)；

(2) 不允许任何一台过载时的最大输出容量。

解　(1) 各台变压器分担的负载计算。

根据变压器并联运行负载分配规律，

$$\frac{\underline{S_\beta}}{\underline{S_\alpha}} = \frac{S_\beta/S_{N\beta}}{S_\alpha/S_{N\alpha}} = \frac{u_{k\alpha}}{u_{k\beta}}$$

及

$$\frac{\underline{S_\gamma}}{\underline{S_\alpha}} = \frac{S_\gamma/S_{N\gamma}}{S_\alpha/S_{N\alpha}} = \frac{u_{k\alpha}}{u_{k\gamma}}$$

即

$$\frac{S_\beta}{S_\alpha} = \frac{u_{k\alpha}}{u_{k\beta}} \frac{S_{N\beta}}{S_{N\alpha}} = \frac{6.9}{7.5} \times \frac{5600}{3200} = 1.61$$

$$\frac{S_\gamma}{S_\alpha} = \frac{u_{k\alpha}}{u_{k\gamma}} \frac{S_{N\gamma}}{S_{N\alpha}} = \frac{6.9}{7.6} \times \frac{3200}{3200} = 0.9079$$

总输出视在功率 10 000 kV・A 由三台变压器共同负担,即

$$S_\alpha + S_\beta + S_\gamma = 10\ 000$$

解以上三个方程,得

$$S_\alpha = 2843\ kV・A$$

$$S_\beta = 4577\ kV・A$$

$$S_\gamma = 2581\ kV・A$$

(2) 最大输出容量计算。

根据三台变压器的短路电压可知,第一台最容易满负荷。

令

$$S_\alpha = S_{N\alpha} = 3200 \text{ kV} \cdot \text{A}$$

第二台变压器负荷

$$S_\beta = 1.61 S_\alpha = 1.61 \times 3200 = 5152 \text{ kV} \cdot \text{A}$$

第三台变压器负荷

$$S_\gamma = 0.9079 S_\alpha = 0.9079 \times 3200 = 2905 \text{ kV} \cdot \text{A}$$

三台变压器并联的最大输出容量

$$S_{\max} = S_\alpha + S_\beta + S_\gamma = 3200 + 5152 + 2905 = 11\,257 \text{ kV} \cdot \text{A}$$

5.22　实验室有一单相变压器，其数据如下：$S_N = 1 \text{ kV} \cdot \text{A}$，$U_{1N}/U_{2N} = 220/110 \text{ V}$，$I_{1N}/I_{2N} = 4.55/9.1 \text{ A}$。今将它改接为自耦变压器，接法如图5.20(a)和(b)所示，求此两种自耦变压器当低压边绕组 ax 接于 110 V 电源时，AX 边的电压 U_1 及自耦变压器的额定容量 S_N 各为多少？

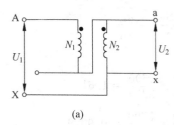
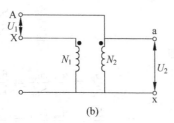

(a)　　　　　　　　　(b)

图 5.20

解　(1) 按图 5.20(a)接线的自耦变压器变比

$$k = \frac{N_1 + N_2}{N_2} = \frac{2N_2 + N_2}{N_2} = 3$$

AX 边额定电压

$$U_1 = kU_2 = 3 \times 110 = 330 \text{ V}$$

变压器额定容量

$$S_N = I_1 U_1 = 4.55 \times 330 = 1500 \text{ V} \cdot \text{A}$$

(2) 按图 5.20(b)接线的自耦变压器变比

$$k = \frac{N_1 - N_2}{N_2} = \frac{2N_2 - N_2}{N_2} = 1$$

AX 边额定电压

$$U_1 = kU_2 = 110 \text{ V}$$

变压器额定容量

$$S_N = I_1U_1 = 4.55 \times 110 = 500 \text{ V} \cdot \text{A}$$

5.23 一单相自耦变压器数据如下: $U_1 = 220 \text{ V}, U_2 = 180 \text{ V},$ $I_2 = 400 \text{ A}$。当不计算损耗和漏阻抗压降时,求:

(1) 自耦变压器 I_1 及公共绕组电流 I;

(2) 输入和输出功率、绕组电磁功率、传导功率(各功率均指视在功率)。

解 (1) 自耦变压器 I_1 及公共绕组电流 I 的计算。

自耦变压器进线电流

$$I_1 = \frac{U_2 I_2}{U_1} = \frac{180 \times 400}{220} = 327.3 \text{ A}$$

公共绕组电流

$$I = I_2 - I_1 = 400 - 327.3 = 72.7 \text{ A}$$

(2) 各视在功率计算。

输入和输出视在功率

$$S_1 = S_2 = U_2 I_2 = 180 \times 400 = 72\,000 \text{ V} \cdot \text{A}$$

绕组电磁视在功率

$$S = U_2 I = 180 \times 72.7 = 13\,086 \text{ V} \cdot \text{A}$$

传导视在功率

$$S' = S_1 - S = 72\,000 - 13\,086 = 58\,914 \text{ V} \cdot \text{A}$$

第 6 章

CHAPTER 6

交流电机电枢绕组的
电动势与磁通势

重点与难点

1. 交流电机空间电角度是机械角度的 p 倍,即 $\alpha = p\beta$,基波感应电动势频率与电机转速的关系是 $f = \dfrac{pn}{60}$。

2. 交流电机三相绕组轴线互差 $120°$ 空间电角度,采用短距、分布形式,绕组电动势和磁通势数值与绕组的短距系数、分布系数有关。只要适当设计,可使基波绕组分布短距系数接近于 1,谐波的分布短距系数接近于零。绕组连接图及绕组系数计算非重点。

3. 绕组每相基波感应电动势为

$$E_{\phi 1} = 4.44 f_1 N k_{dp1} \Phi_1$$

4. 单相绕组基波磁通势为

$$f_1 = F_{\phi 1} \cos \omega t \cos \alpha$$

即在气隙空间按 $\cos \alpha$ 分布、振幅随时间作 $\cos \omega t$ 变化的脉振磁通势。当 $\omega t = 0°$ 时,为最大值,在 $\alpha = 0°$ 绕组轴线处,磁通势为正最大幅值 $F_{\phi 1}$。

5. 用空间矢量 $\dot{F}$ 表示空间按余弦分布的磁通势的方法。

6. 脉振磁通势可以分成两个旋转磁通势,不同时刻脉振磁通势与正、反转旋转磁通势的矢量图表示。

7. 三相绕组通以三相对称电流时,基波磁通势为

$$f_1 = F_1\cos(\alpha - \omega t)$$

$$F_1 = \frac{3}{2}F_{\phi 1}$$

即圆形旋转磁通势。幅值为 F_1,是单相磁通势正最大值的 $\frac{3}{2}$ 倍,恒定不变,旋转速度 $n = \dfrac{60f}{p}$ r/min,向 $+\alpha$ 方向转动,即从电流领先的绕组向电流落后绕组方向转。哪一相绕组电流为正最大值时,旋转磁通势幅值就位于该相绕组轴线处。

8. 两相绕组相差 90°空间电角度,通以两相电流时,一般情况下产生椭圆旋转磁通势,旋转方向是从电流领先相绕组轴线向落后相绕组轴线,平均转速 $n = \dfrac{60f}{p}$ r/min。掌握用矢量图方法定性分析。

9. 绕组三相连接,使三次及三次倍数的谐波电动势与磁通势为零。

10. 电动势相量图方法分析导体、线圈、绕组的电动势和计算大小较重要,绕组短距、分布系数公式不需要死记。磁通势矢量图方法分析各种绕组通交流电时电机产生的磁通势也很重要,胜过用数学方法推导。定性分析重于定量计算。旋转磁通势和脉振磁通势特点是重点,数学表达式不是重点。思考题 6.14 是重点。

11. 绕组连接是难点但不是重点。

思 考题解答

6.1 八极交流电机电枢绕组中有两根导体,相距 45°空间机械角,这两根导体中感应电动势的相位相差多少?

答 八极交流电机电枢绕组中的两根导体,相距 45°空间机械角,也即相差 180°空间电角度。当一根导体正对 N 极时,另一根导体正对着 S 极。因此,这两根导体中感应电动势的相位相差 180°。

6.2 交流电机电枢绕组电动势的频率与哪些量有关系? 六极电机电动势频率为 50 Hz,主磁极旋转速度是多少(r/min)?

答 交流电机电枢绕组电动势的频率与定、转子间旋转磁场的转速 n_1 成正比,与旋转磁场的极对数 p 成正比,即 $f = \dfrac{pn_1}{60}$。六极电机电动势频率为 50 Hz,主磁极旋转速度为

$$n_1 = \frac{60f}{p} = \frac{60 \times 50}{3} = 1000 \text{ r/min}$$

6.3 四极交流电机电枢线匝的两个边相距 80°空间机械角度,画出这两个线匝边感应电动势相量图(只要相对位置对便可),并通过相量简单合成方法计算短距系数。

答 四极交流电机电枢线匝的两个边相距 80°空间机械角,也就是相差 160°空间电角度。图 6.1 中 $\dot{E}_X$ 和 $\dot{E}_A$ 分别为两根导体的基波感应电动势,基波短距系数

$$k_1 = \frac{2E_X \cos 10°}{2E_X} = \cos 10° = 0.9848$$

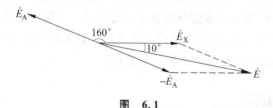

图 6.1

6.4 交流电机电枢绕组的导体感应电动势有效值的大小与什么有关? 与导体在某瞬间的相对位置有无关系?

答　根据一根导体基波电动势有效值的计算公式 $E_1 = 2.22f_1\Phi_1$ 可以知道,它与交流频率 f_1 及气隙每极基波磁通量 Φ_1 的大小成正比,与导体在某瞬间的相对位置无关。

6.5　六极交流电机电枢绕组有 54 槽,一个线圈的两个边分别在第 1 槽和第 8 槽,这两个边的电动势相位相差多少? 两个相邻的线圈的电动势相位相差多少? 画出基波电动势相量图,并在相量图上计算合成电动势,从而算出绕组短距系数和分布系数。

答　电机的槽距角为 $\alpha = \dfrac{p \times 360°}{Z_1} = \dfrac{3 \times 360°}{54} = 20°$ 空间电角度。一个线圈的两个边分别放在第 1 槽和第 8 槽,相距 7 个槽,节距 $y_1 = 7\alpha = 7 \times 20° = 140°$(空间电角度),因此,这两个边的电动势相位相差 $140°$,相量图如图 6.2 所示。图中,$\dot{E}_A$ 和 $\dot{E}_X$ 分别为一个线圈两个边的感应电动势,$\dot{E}_y$ 为线圈电动势。

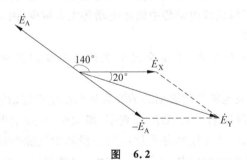

图　6.2

根据相量图,$E = 2E_A\cos 20°$,短距系数 $k_y = \cos 20° = 0.9373$。相邻两个线圈的电动势相位差由槽距角 α 决定,为 $20°$。三个相邻线圈电动势及合成电动势相量图如图 6.3 所示。可得

$$\dot{E} = \dot{E}_{y1} + \dot{E}_{y2} + \dot{E}_{y3}, \quad E = E_y + 2E_y\cos 20°$$

分布系数

$$k_d = \frac{E}{3E_y} = \frac{1 + 2\cos 20°}{3} = 0.9598$$

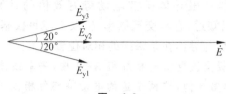

图　6.3

6.6　若主磁极磁密中含有高次谐波,电枢绕组采用短距和分布,那么绕组中的每一根导体是否可忽略谐波电动势？绕组的线电动势是否可忽略谐波电动势？

答　若主磁极磁密中含有高次谐波,当主磁极旋转时,电枢绕组中的每一根导体都会感应出相应的高次谐波电动势,这些高次谐波电动势大小与主磁极磁密中所含高次谐波大小有关,与主磁极旋转速度有关,该谐波电动势不能忽略。由于绕组采用了短距和分布,使绕组的线电动势中谐波电动势大大减少,因此往往将谐波电动势忽略。

6.7　试分析大、中型交流电机的电枢绕组采用双层绕组的原因。

答　交流电机气隙磁场的谐波含量和绕组中的谐波电动势对电机运行性能影响很大,如降低效率、增大噪声、影响电网电压质量等。因此,常用短距和分布绕组的手段减少气隙谐波磁场的作用,减少绕组谐波电动势的大小。在大、中型交流电机中,电枢绕组采用双层绕组的重要原因就是可以使用短距线圈。在分布绕组基础上应用短距线圈的方法可将谐波的作用降到最小。

6.8　简单证明如果相电动势中有三次谐波电动势,那么三相绕组Y接法或△接法后,线电动势中没有三次谐波分量。

证　如果相电动势中有三次谐波电动势,那么三相绕组中的三次谐波电动势是大小相等且同相位的。当三相绕组Y接法时,线电动势中三次谐波分量相互抵消,没有三次谐波分量。当三相绕组△接法时,三相绕组头尾相连构成闭合回路,回路中形成三次谐波电动势,是相电动势三次谐波含量的 3 倍,因此形成三次谐波电流,产生三次谐波磁场,该磁场与原有的三次谐波磁场方向相反,将极大地抵消原有的三次谐波磁场,最终使相电动势中三次谐波电动势几乎不存在。

6.9 单相整距集中绕组匝数为 N_y,通入电流 $i = \sqrt{2}I\cos\omega t$,通过计算把不同瞬间的矩形波磁通势和基波磁通势的幅值等填入下表。

ωt	$i = \sqrt{2}I\cos\omega t$	矩形波磁通势幅值	基波磁通势幅值
0°			
60°			
120°			
180°			
240°			
300°			
360°			

答 结果见下表。

ωt	$i = \sqrt{2}I\cos\omega t$	矩形波磁通势幅值	基波磁通势幅值
0°	$\sqrt{2}I$	$\dfrac{\sqrt{2}}{2}IN_y$	$\dfrac{2\sqrt{2}}{\pi}IN_y$
60°	$\dfrac{\sqrt{2}}{2}I$	$\dfrac{\sqrt{2}}{4}IN_y$	$\dfrac{\sqrt{2}}{\pi}IN_y$
120°	$-\dfrac{\sqrt{2}}{2}I$	$-\dfrac{\sqrt{2}}{4}IN_y$	$-\dfrac{\sqrt{2}}{\pi}IN_y$
180°	$-\sqrt{2}I$	$-\dfrac{\sqrt{2}}{2}IN_y$	$-\dfrac{2\sqrt{2}}{\pi}IN_y$
240°	$-\dfrac{\sqrt{2}}{2}I$	$-\dfrac{\sqrt{2}}{4}IN_y$	$-\dfrac{\sqrt{2}}{\pi}IN_y$

ωt	$i=\sqrt{2}I\cos\omega t$	矩形波磁通势幅值	基波磁通势幅值
300°	$\dfrac{\sqrt{2}}{2}I$	$\dfrac{\sqrt{2}}{4}IN_y$	$\dfrac{\sqrt{2}}{\pi}IN_y$
360°	$\sqrt{2}I$	$\dfrac{\sqrt{2}}{2}IN_y$	$\dfrac{2\sqrt{2}}{\pi}IN_y$

6.10 单相整距绕组中流入的电流 i，如果其频率改变，对它所产生的磁通势有何影响？

答 单相整距绕组流入交流电流，产生脉振磁通势，脉振频率就是电流的频率，即当流入的电流频率改变时，磁通势的脉振频率也同时改变。当绕组匝数不变时，磁通势的幅值由流入的电流幅值决定。

6.11 一脉振磁通势可以分解成一对正、反转的旋转磁通势，这里的脉振磁通势可以是矩形分布的磁通势吗？

答 通常说的一脉振磁通势可以分解成一对正、反转的旋转磁通势，指的是空间上按正弦规律分布、时间上按正弦规律交变的脉振磁通势。空间矩形分布的磁通势可以利用傅里叶级数分解成不同频率、正弦分布的磁通势，每个空间以某个频率的正弦分布、时间上按正弦规律变化的脉振磁通势都可以分解成一对正、反转的旋转磁通势，只是不同频率正弦分布的脉振磁通势分解成的正、反转磁通势，旋转速度不同。

6.12 单相电枢绕组产生的磁通势中含有三次谐波分量吗？三相对称绕组通入三相对称电流时产生的磁通势中含有三次谐波分量吗？

答 单相电枢绕组产生的磁通势中含有三次谐波分量。三相对称绕组通入三相对称电流时，三相绕组产生的三次谐波分量幅值相等，空间（电角度）上互差 120°，形成对称结构，所以三相绕组产生的总的三次谐波磁通势为零。

6.13 绕组采用短距和分布形式,对其产生的基波磁通势和谐波磁通势各有什么影响?

答 绕组采用短距和分布形式,对产生的基波磁通势削弱较少,一般削弱 5%～10%;对谐波磁通势削弱很大,通常对 5 次、7 次谐波磁通势的削弱可达到 80%～90%,甚至更大。

6.14 填空。

(1) 整距线圈的电动势大小为 10 V,其他条件都不变,只把线圈改成短距,短距系数为 0.966,短距线圈的电动势应为 _____ V。

(2) 四极交流电机电枢有 36 槽,槽距角大小应为 _____(电角度),相邻两个线圈电动势相位差 _____。若线圈两个边分别在第 1、第 9 槽中,绕组短距系数等于 _____,绕组分布系数等于 _____,绕组系数等于 _____。

(3) 单相整距集中绕组产生的矩形波磁通势的幅值与其基波磁通势幅值相差 _____ 倍,基波磁通势的性质是 _____。

(4) 两极电枢绕组有一相绕组通电,产生的基波磁通势的极数为 _____,电流频率为 50 Hz,基波磁通势每秒钟变化 _____ 次。

(5) 最大幅值为 F 的两极脉振磁通势,空间正弦分布,每秒钟脉振 50 次。可以把该磁通势看成由两个旋转磁通势 $\dot{F}_1$ 和 $\dot{F}_2$ 的合成磁通势:旋转磁通势幅值 F_1 和 F_2 的大小为 _____,转向 _____,转速为 _____ r/min,极数为 _____,每个瞬间 $\dot{F}_1$ 与 $\dot{F}_2$ 的位置相距脉振磁通势 $\dot{F}$ 的距离(电角度) _____。

(6) 三相对称绕组通入电流为 $i_A = \sqrt{2}I\cos\omega t$,$i_B = \sqrt{2}I\cos(\omega t + 120°)$,$i_C = \sqrt{2}I\cos(\omega t - 120°)$。合成磁通势的性质是 _____,转向是从绕组轴线 _____ 转向 _____ 转向 _____。若 $f = \dfrac{\omega}{2\pi} =$

60 Hz，电机是六极的，磁通势转速为_____ r/min。当 $\omega t = 120°$ 瞬间，磁通势最大幅值在_____轴线处。

（7）某交流电机电枢只有两相对称绕组，通入两相电流。若两相电流大小相等，相位差90°，电机中产生的磁通势性质是_____。若两相电流大小相等，相位差60°，磁通势性质是_____。若两相电流大小不等，相位差90°，磁通势性质为_____。在两相电流相位相同的条件下，不论各自电流大小如何，磁通势的性质为_____。

（8）某交流电机两相电枢绕组是对称的，极数为2。通入的电流 $\dot{I}_A$ 领先 $\dot{I}_B$，合成磁通势的转向便是先经绕组轴线_____转90°电角度后到绕组轴线_____，转速表达式为_____ r/min。

（9）某三相交流电机电枢通上三相交流电后，磁通势顺时针旋转，对调其中的两根引出线后，再接到电源上，磁通势为_____时针转向，转速_____变。

（10）某两相绕组通入两相电流后磁通势顺时针旋转，对调其中一相的两引出线再接电源，磁通势为_____时针旋转，转速_____变。

答 （1）9.66；

（2）$20°,20°,0.9848,0.9598,0.9452$；

（3）$\dfrac{4}{\pi}$；脉振；

（4）两极，50次；

（5）$\dfrac{1}{2}F$，相反，3000，2，相等；

（6）旋转磁通势，A、C、B，1200，C相绕组；

（7）圆形旋转磁通势，椭圆形旋转磁通势，椭圆形旋转磁通势，脉振磁通势；

（8）$A,B,n_1 = \dfrac{60f_1}{p} = 60f_1$；

（9）逆，不；

（10）逆，不。

6.15 一台丫接法的交流电机定子如果接电源时有一相断线，电机内产生什么性质的磁通势？如果绕组是△接法的，同样的情况下，磁通势的性质又是怎样的？

答 丫接法的交流电机定子如果接电源时有一相断线，无论断点在进线上还是在相绕组上，都相当于引进了一个电源线电压，通电的两相绕组流过同一个电流，只能形成脉振磁通势。

如果绕组是△接法，当断点在进线上时，相当于△接法的绕组只引进了一个线电压，三相绕组的电流相位相同或相差180°，只能形成脉振磁通势；当断点在某一相绕组上时，这一相绕组得不到电压而不起作用，剩下的两相绕组将分别得到互差120°的两个线电压，因此，可以形成椭圆形旋转磁通势。

6.16 以三个等效线圈代表三相定子对称绕组，如图6.4所示，现通以三相对称电流，其中 $i_A = 10\sin\omega t$，A相领先B相领先C相。

（1）$i_A = 10$ A 时，见图6.4(c)，合成基波磁通势幅值在何处？

（2）$i_A = 5$ A 时，见图6.4(c)，合成基波磁通势幅值又在何处？

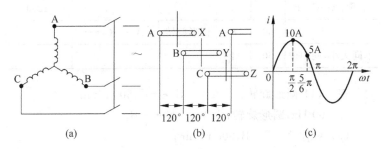

图 6.4

答 （1）当 $i_A = 10$ A 时，从 $i_A = 10\sin \omega_1 t$ 表达式可知，该瞬时的 $\omega_1 t = \dfrac{\pi}{2}$，这时 A 相电流达到正最大值，所以三相合成基波旋转磁通势的正幅值正好位于 A 相绕组的轴线处。

（2）当 $i_A = 5$ A 时，从图 6.4(c) 可知，这时的 $\omega_1 t = \dfrac{5}{6}\pi$，比 A 相电流为正最大值的瞬间又过了 $\dfrac{1}{3}\pi$ 时间电角度，根据时间上经过多少电角度旋转磁通势在空间上也走过多少电角度的规律，这时三相合成基波旋转磁通势幅值移到了领先 A 相轴线为 $\dfrac{\pi}{3}$ 空间电角度的位置。

6.17 某三相交流电机通入的三相电流有效值相等，电机的极数、电流的相序和频率、磁通势的性质及转速、转向等内容列在下表中，请正确填入所缺的内容。

电流相序	频率/Hz	极数	磁通势性质	磁通势转向	磁通势转速/(r·min⁻¹)
对称，A—B—C	50	4	圆形旋转	+A→+B→+C	1500
对称，A—B—C	50	12			
对称，A—C—B		6			1200
	60	8	圆形旋转	+A→+C→+B	
不同大小，同相位	50	4			

答 （1）圆形旋转，$+A \to +B \to +C$，500 r/min；

（2）60 Hz，圆形旋转，$+A \to +C \to +B$；

（3）对称 A—C—B，900 r/min；

（4）脉振，不旋转，0。

题解答

6.1 有一台同步发电机定子为 36 槽,4 极,若第 1 槽中导体感应电动势 $e = E_m \sin \omega t$,分别写出第 2、10、19 和 36 槽中导体感应电动势瞬时值表达式,并画出相应的电动势相量图。

解 槽距角

$$\alpha = \frac{p \times 360°}{Z_1} = \frac{2 \times 360°}{36} = 20°(\text{空间电角度})$$

第 2 槽中导体感应电动势

$$e_2 = E_m \sin(\omega t - 20°)$$

第 10 槽中导体感应电动势

$$e_{10} = E_m \sin(\omega t - 180°) = -E_m \sin \omega t$$

第 19 槽中导体感应电动势

$$e_{19} = E_m \sin(\omega t - 360°) = E_m \sin \omega t$$

第 36 槽中导体感应电动势

$$e_{36} = E_m \sin(\omega t - 700°) = E_m \sin(\omega t + 20°)$$

相应的相量图如图 6.5 所示。

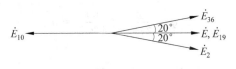

图 6.5

6.2 计算下列情况下双层绕组的基波绕组系数:

(1) 极对数 $p = 3$,定子槽数 $Z = 54$,线圈节距 $y_1 = \frac{7}{9}\tau$(τ 是极距);

(2) $p = 2$,$Z = 60$,线圈跨槽 1～13。

解　（1）槽距角

$$\alpha = \frac{p \times 360^\circ}{Z} = \frac{3 \times 360^\circ}{54} = 20^\circ（空间电角度）$$

每极每相槽数

$$q = \frac{Z}{2pm} = \frac{54}{6 \times 3} = 3$$

分布系数

$$k_{d1} = \frac{\sin\left(q \times \dfrac{\alpha}{2}\right)}{q \sin \dfrac{\alpha}{2}} = \frac{\sin\left(3 \times \dfrac{20^\circ}{2}\right)}{3 \sin \dfrac{20^\circ}{2}} = 0.9598$$

短距系数

$$k_{p1} = \sin\left(\frac{7}{9} \times 90^\circ\right) = 0.9397$$

绕组系数

$$k_{dp1} = k_{d1} k_{p1} = 0.9598 \times 0.9397 = 0.9019$$

（2）槽距角

$$\alpha = \frac{p \times 360^\circ}{Z} = \frac{2 \times 360^\circ}{60} = 12^\circ（空间电角度）$$

每极每相槽数

$$q = \frac{Z}{2pm} = \frac{60}{4 \times 3} = 5$$

极距

$$\tau = \frac{Z}{2p} = \frac{60}{4} = 15$$

线圈节距为 12 槽，故

$$y_1 = \frac{12}{15}\tau = \frac{4}{5}\tau$$

基波绕组分布系数

$$k_{d1} = \frac{\sin\left(q \times \dfrac{\alpha}{2}\right)}{q\sin\dfrac{\alpha}{2}} = \frac{\sin\left(5 \times \dfrac{12^\circ}{2}\right)}{5\sin\dfrac{12^\circ}{2}} = 0.9567$$

基波绕组短距系数

$$k_{p1} = \sin\left(\frac{4}{5} \times 90^\circ\right) = 0.9511$$

基波绕组系数

$$k_{dp1} = k_{d1}k_{p1} = 0.9567 \times 0.9511 = 0.9099$$

6.3 已知三相交流电机极对数是 3,定子槽数 36,线圈节距 $\dfrac{5}{6}\tau$

(τ 是极距),支路数为 1,求:

(1) 每极下的槽数;

(2) 用槽数表示的线圈节距 y_1;

(3) 槽距角;

(4) 每极每相槽数;

(5) 画基波电动势相量图;

(6) 按 60° 相带法分相;

(7) 画出绕组连接图(只画 A 相,B、C 相画引线)。

解 (1) 每极槽数为

$$\frac{Z}{2p} = \frac{36}{6} = 6$$

(2) 线圈节距为

$$y_1 = \frac{5}{6}\tau = \frac{5}{6} \times 6 = 5$$

(3) 槽距角为

$$\alpha = \frac{p \times 360^\circ}{Z} = \frac{3 \times 360^\circ}{36} = 30^\circ$$

(4) 每极每相槽数为

$$q = \frac{Z}{2pm} = \frac{36}{2 \times 3 \times 3} = 2$$

（5）画基波电动势星形向量图如图 6.6(a)所示；

（6）按 60°相带法分相,在图 6.6(a)中用 A,Z,B,X,C,Y 标出一对极下六个相带；

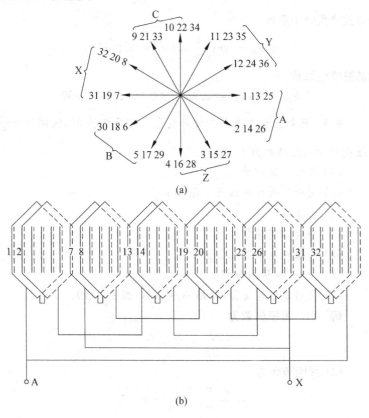

(a)

(b)

图 6.6

（7）画绕组连接图如图 6.6(b)所示。

6.4 已知某三相四极交流电机采用双层分布短距绕组,$Z=36$,$y_1=\dfrac{7}{9}\tau$,定子Y接法,线圈串联匝数 $N_y=2$,气隙基波每极磁通量

$\Phi = 0.73$ Wb，并联支路 $a=1$，求：

(1) 基波绕组系数；

(2) 基波相电动势；

(3) 基波线电动势。

解 (1) 基波绕组系数的计算。

槽距角

$$\alpha = \frac{p \times 360^\circ}{Z} = \frac{2 \times 360^\circ}{36} = 20^\circ$$

每极每相槽数

$$q = \frac{Z}{2pm} = \frac{36}{4 \times 3} = 3$$

基波分布系数

$$k_{d1} = \frac{\sin\left(q \times \dfrac{\alpha}{2}\right)}{q\sin\dfrac{\alpha}{2}} = \frac{\sin\left(3 \times \dfrac{20^\circ}{2}\right)}{3 \times \sin\left(\dfrac{20^\circ}{2}\right)} = 0.9598$$

基波短距系数

$$k_{p1} = \sin\left(\frac{7}{9} \times 90^\circ\right) = 0.9397$$

基波绕组系数

$$k_{dp1} = k_{d1}k_{p1} = 0.9598 \times 0.9397 = 0.9019$$

(2) 基波相电动势。

每相绕组串联总匝数

$$N = \frac{2pq}{a} \cdot N_y = \frac{4 \times 3}{1} \times 2 = 24$$

基波相电动势

$$E_{\phi 1} = 4.44 fNk_{dp1}\Phi$$
$$= 4.44 \times 50 \times 24 \times 0.9019 \times 0.73$$
$$= 3508 \text{ V}$$

（3）基波线电动势

$$E_{l1} = \sqrt{3}E_{\phi 1} = \sqrt{3} \times 3508 = 6076 \text{ V}$$

6.5 六极交流电机定子每相总串联匝数 $N = 125$，基波绕组系数 $k_{dp} = 0.92$，每相基波感应电动势 $E = 230$ V，求气隙每极基波磁通 Φ。

解 气隙每极基波磁通

$$\Phi = \frac{E}{4.44fNk_{dp}} = \frac{125}{4.44 \times 50 \times 125 \times 0.92}$$
$$= 0.004\ 896\ 2 \text{ Wb}$$

6.6 某交流电机极距按定子槽数计算为 10，若希望线圈中没有五次谐波电动势，计算线圈应取多大节距。

解 设线圈节距为 $y_1 = x\tau$，其中 $\tau = 10$ 为极距。五次谐波短距系数表达式为

$$k_{p5} = \sin(5x \times 90°)$$

令 $k_{p5} = 0$，有

$$\sin(x \times 450°) = 0$$

即

$$x \times 450° = k \times 180°, \qquad k = 0,1,2,3,\cdots$$

得

$$x = \frac{180°}{450°} \cdot k$$

取 $k = 2$，则

$$x = \frac{4}{5}$$

所以

$$y_1 = \frac{4}{5}\tau = \frac{4}{5} \times 10 = 8 \text{（槽）}$$

6.7 一台三相六极交流电机定子是双层短距分布绕组，已知 $q = 2$，$N_y = 6$，$y_1 = \frac{5}{6}\tau$，$a = 1$。当通入频率 $f = 50$ Hz 且 $I = 20$ A 的三

相对称电流时,求电机合成基波磁通势的幅值及转速。

解 该电机为双层绕组,有 $2p$ 个极相组,每组总线圈为 $2pq$ 个,因为并联支路数 $a=1$,每相串联匝数为 $N_1=2pqN_y=72T$。总槽数为 $Z=2pmq=36$ 槽,槽距角为

$$\alpha = \frac{p \times 360°}{2} = 30°$$

基波磁通势的分布系数为

$$k_{d1} = \frac{\sin q \dfrac{\alpha}{2}}{q\sin \dfrac{\alpha}{2}} = \frac{\sin 30°}{2\sin 15°} = 0.966$$

基波磁通势的短距系数为

$$k_{p1} = \sin y \frac{\pi}{2} = \sin \frac{5}{6} \times \frac{\pi}{2} = 0.966$$

基波磁通势的绕组系数为

$$k_{dp1} = k_{d1}k_{p1} = 0.933$$

基波磁通势的幅值

$$F_1 = 1.35\frac{N_1}{p}Ik_{dp1} = 1.35 \times \frac{72}{3} \times 20 \times 0.933$$

$$= 648 \times 0.933 = 604.6 \text{ AT}$$

基波磁通势的转速

$$n_1 = \frac{60f_1}{p} = \frac{60 \times 50}{3} = 1000 \text{ r/min}$$

6.8 三相交流电机电枢绕组示意图见图 6.7,三相电流为 $i_A = 10\sin \omega t$ A,$i_B = 10\sin(\omega t - 120°)$ A,$i_C = 10\sin(\omega t + 120°)$ A。求:

(1) 合成基波磁通势的幅值;

(2) 画出 $\omega t = 0°$、$90°$ 和 $150°$ 三个瞬间磁通势矢量图,标出合成基波磁通势的位

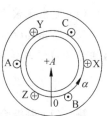

图 6.7

置和转向。

解 （1）合成基波磁通势的幅值计算。

该三相交流电机极数为2，电枢绕组为整距、集中形式。设每相绕组串联总匝数为 N，则合成基波磁通势的幅值

$$F_1 = \frac{3}{2} \times \frac{4}{\pi} \times \frac{1}{2} \times \frac{N}{p} \cdot I_m$$

$$= \frac{3}{2} \times \frac{4}{\pi} \times \frac{1}{2} \times \frac{N}{1} \times 10$$

$$= 9.549N \text{ AT}$$

（2）$\omega t = 0°$、$90°$和$150°$三个瞬间磁通势矢量图及磁通势的位置见图 6.8(a)、(b)。

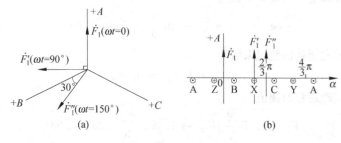

图 6.8

6.9 如图 6.9 所示的两相对称绕组，若 $i_A = \sqrt{2} I \sin \omega t$，$i_B = \sqrt{2} I \sin(\omega t + 90°)$。

（1）写出基波合成磁通势表达式；

（2）画出 $\omega t = 0°$、$90°$两瞬间的磁通势矢量图，标出合成基波磁通势的位置与转向；

（3）若 $f = \frac{\omega}{2\pi} = 50 \text{ Hz}$，计算磁通势转速。

解 （1）基波合成磁通势表达式。

A 相绕组基波磁通势

$$f_A = F\sin \omega t \cos \alpha$$

B 相绕组基波磁通势

$$f_B = F\sin(\omega t + 90°)\cos(\alpha - 90°)$$

式中，$F = \dfrac{4}{\pi}\dfrac{\sqrt{2}Nk_{dp}}{2p}I$，是每相绕组产生的基波磁通势最大幅值。

合成基波磁通势

$$f = f_A + f_B$$

$$= F\sin \omega t \cos \alpha + F\sin(\omega t + 90°)\cos(\alpha - 90°)$$

$$= \frac{1}{2}F\sin(\omega t + \alpha) + \frac{1}{2}F\sin(\omega t - \alpha)$$

$$\quad + \frac{1}{2}F\sin(\omega t + \alpha) + \frac{1}{2}F\sin(\omega t - \alpha + 180°)$$

$$= F\sin(\omega t + \alpha)$$

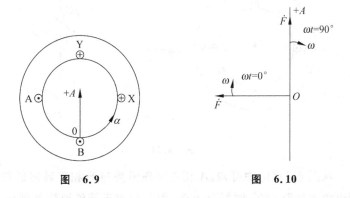

图 6.9   图 6.10

（2）$\omega t = 0°$，$90°$两瞬间磁通势矢量图见图 6.10。

$\omega t = 0°$时，合成基波磁通势正向幅值位置在以 $\alpha = 90°$的位置，刚好是 B 相绕组轴线位置。

$\omega t = 90°$时，合成基波磁通势正向幅值位置在 $\alpha = 0°$处，即 A 相绕组轴线上。

（3）$f = \dfrac{\omega}{2\pi} = 50$ Hz 时，磁通势转速计算。

基波磁通势转速

$$n_1 = \frac{60f}{p} = \frac{60 \times 50}{1} = 3000 \ \text{r/min}$$

6.10　两相绕组空间相差 90°，匝数相同，通入两相不对称电流 $i_A = \sqrt{2} I \cos \omega t$，$i_B = 2\sqrt{2} I \cos(\omega t + 90°)$，用一个脉振磁通势分成两个旋转磁通势的方法，画出 $\omega t = 0°$ 的磁通势矢量图，从图中分析合成基波磁通势的性质、转向和转速。

解　两相绕组模型及坐标选择如图 6.11 所示。

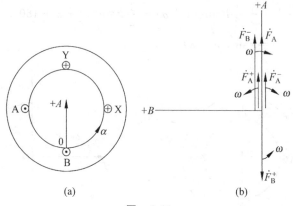

图　6.11

从图 6.11(b)中可知，A 相正转磁通势与 B 相正转磁通势空间电角度相差 180°，刚好反方向，因此合成正转磁通势被削弱；A 相反转磁通势与 B 相反转磁通势同方向，合成反转磁通势得到增强。所以，合成基波磁通势为椭圆形旋转磁通势，转向为沿图中 α 坐标方向的反方向旋转，平均转速为 $n_1 = \dfrac{60f}{p}$。

6.11　电枢绕组若为两相绕组，匝数相同，但空间相距 120°

电角度，A 相流入 $i_A = \sqrt{2}I\cos\omega t$。

（1）若 $i_B = \sqrt{2}I\cos(\omega t - 120°)$，合成磁通势的性质是什么？画出磁通势矢量图并标出正、反转磁通势分量；

（2）若要求产生圆形旋转磁通势，且其转向为从 $+A$ 轴经 $120°$ 到 $+B$ 轴方向，电流 i_B 应是怎样的？写出瞬时值表达式（可从磁通势矢量图上分析）。

解　（1）$i_B = \sqrt{2}I\cos(\omega t - 120°)$ 时，$\omega t = 0°$ 时刻的磁通势矢量图如图 6.12 所示。

从图中可看出正转磁通势

$$\dot{F}^+ = \dot{F}_A^+ + \dot{F}_B^+$$

反转磁通势

$$\dot{F}^- = \dot{F}_A^- + \dot{F}_B^-$$
$$F^+ > F^-$$

因此合成磁通势的性质为椭圆形旋转磁通势，旋转方向为从 A 相绕组轴线经 $120°$ 转到 B 相绕组轴线的方向，即图中的逆时针方向。

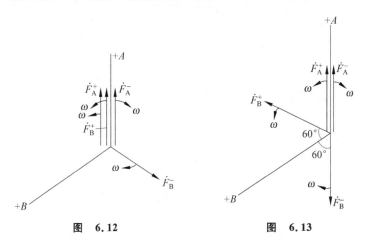

图　6.12　　　　　　　　　　　图　6.13

（2）若要求产生圆形旋转磁通势，且其转向为从 $+A$ 轴经 $120°$ 到 $+B$ 轴方向，电流 i_B 的表达式的推写。

画出 $\omega t=0$ 时矢量图如图 6.13 所示，$\dot{F}_A^-$ 与 $\dot{F}_B^-$ 应刚好抵消，$\dot{F}_B^+$ 处于以 $+B$ 为轴线与 $\dot{F}_B^-$ 对称的位置。

因此可以写出电流 i_B 的表达式

$$i_B = \sqrt{2}I\cos(\omega t - 60°)$$

异步电动机原理

CHAPTER 7

重点与难点

1. 三相异步电动机额定数据、额定输出转矩与额定电流的计算。

2. 三相异步电动机转子不转、转子绕组开路时的电磁关系：励磁磁通势、励磁电流、感应电动势、电压方程式、等值电路、电动势和电流以及磁通势的时空相、矢量图。

3. 三相异步电动机转子堵转时的电磁关系：转子磁通势、定子磁通势、磁通势平衡关系，即 $\dot{F}_1 + \dot{F}_2 = \dot{F}_0$。转子绕组折合算法，基本方程式与等值电路。

4. 三相异步电动机正常运行时的电磁关系：

(1) 转差率 s，正常运行时 $s = 0.01 \sim 0.05$。

(2) 转子电动势、电流频率 $f_2 = sf_1$、$E_{2s} = sE_2$，$X_{2s} = sX_2$，

$$I_{2s} = \frac{E_{2s}}{R_2 + jX_{2s}}。$$

(3) 转子磁通势是旋转磁通势，相对于转子转速 $n_2 = \dfrac{60f_2}{p}$，相对于定子转速为 $n_2 + n = n_1$，即定、转子磁通势 $\dot{F}_1$ 和 $\dot{F}_2$ 转速相同，方向相同，是一前一后的两个旋转磁通势。二者的合成磁通势为 $\dot{F}$。

为励磁磁通势，即 $\dot{F}_1 + \dot{F}_2 = \dot{F}_0$。

5. 转子绕组折合到定子边去，最重要的是频率折合，即从 f_2 折合到 f_1，保持电流 $\dot{I}_{2s}$ 不变，转子磁通势 $\dot{F}_2$ 不变，就可得到转子折合后的等效电路，见教材图 7.22(b)。

6. 再进行绕组相数，匝数及绕组系数折合，磁通势关系又可变成电流关系，即 $I_1 + \dot{I}_2' = \dot{I}_0$，于是很容易得到三相异步电动机的 T 形等效电路，如教材图 7.23 所示。应注意，电路中电阻 $\dfrac{(1-s)}{s}R_2'$ 是与输出机械功率相对应的。时空相矢量图对应等效电路，分析三相异步电动机电磁关系与分析三相变压器相同。

7. 三相异步电动机的功率流程，应注意 $P_M : P_{Cu2} : P_m = 1 : s : (1-s)$

8. 三相异步电动机转矩关系：$T = \dfrac{P_m}{\Omega} = \dfrac{P_M}{\Omega_1}$，电磁转矩物理表达式为 $T = C_{Tj} \Phi_1 I_2 \cos \varphi_2$。

9. 三相异步电动机固有机械特性的主要特点，如教材中图 7.27 所示。并包括理想空载运行点最大转矩点，启动点。

10. 降低定子端电压、转子回路串电阻人为机械特性的特点。

11. 机械特性实用公式及其使用，例题 7-10、例题 7-11 应完全掌握。

12. 三相异步电动机的工作特性、电动机参数的测定不是重点。

思 考题解答

7.1 三相异步电动机主磁通和漏磁通是如何定义的？主磁通在定子、转子绕组中感应电动势的频率一样吗？两个频率之间数量关系如何?

答 三相异步电动机励磁磁通势 $\dot{F}_0$(主要指基波磁通势)在磁路里产生的磁通,通过气隙同时链着定、转子绕组的磁通叫主磁通,只链定子绕组不链转子绕组的磁通叫定子漏磁通,只链转子绕组不链定子绕组的磁通叫转子漏磁通。主磁通在定子绕组和转子绕组中分别感应电动势 $\dot{E}_1$ 和 $\dot{E}_2$,它们的频率分别为 f_1 和 f_2。正常运行情况下 $f_1 \neq f_2$,它们的数量关系是 $sf_1 = f_2$,s 为转差率。

7.2 在时空相矢量图上,为什么励磁电流 $\dot{I}_0$ 和励磁磁通势在同一位置上?

答 时空相矢量图是把时间相量图的 $+j$ 轴与空间矢量图的定子 A_1 相绕组轴线 $+A_1$、转子 A_2 相绕组轴线 $+A_2$ 重叠在一起的,因此定子 A_1 相绕组励磁电流 $\dot{I}_0$ 与最大值时相差的时间电角度正好等于三相旋转励磁磁通势 $\dot{F}_0$ 与 $+A_1$ 轴相距的空间电角度,$\dot{I}_0$ 与 $\dot{F}_0$ 在时空相矢量图上就在同一位置上,尽管画图很方便,但它没有任何物理意义。

7.3 在时空相矢量图上怎样确定电动势 $\dot{E}_1$ 和 $\dot{E}_2$ 的位置?

答 考虑到异步电动机铁损耗,空间气隙磁密 $\dot{B}_\delta$ 落后于励磁磁通势 $\dot{F}_0$ 一个不大的角度,在时空相矢量图上,由于 $+j$、$+A_1$、$+A_2$ 轴重叠,$\dot{B}_\delta$ 在定、转子绕组中感应的电动势(A 相)$\dot{E}_1$ 和 $\dot{E}_2$ 就落后于 $\dot{B}_\delta$ 的电角度为 90°。

7.4 比较一下三相异步电动机转子开路、定子接电源的电磁关系与变压器空载运行的电磁关系有何异同? 等效电路有何异同?

答 在变压器中,励磁磁通势、主磁通、漏磁通都是随时间发生变化的量,不必考虑空间分布及旋转,且其中主磁通 Φ_m 是磁通随时间变化的最大值。而在异步电动机中,励磁磁通势和主磁通既是时间函数又是空间函数,励磁磁通势 $\dot{F}_0$ 是定子三相对称电流共同产生的旋转磁通势,其中 Φ_1 是气隙每极基波磁通量。但是二者的分析方法基本相同,都把励磁磁通势 $\dot{F}_0$ 产生的磁通分成主磁通与漏磁通,主磁通在变压器一、二次侧,或在异步电动机定子、转子绕组中感应电动势,都用 $\dot{E}_1$ 和 $\dot{E}_2$ 表示。而漏磁通在变压器一次侧或异步电动机定子绕组中感应电动势都看成为励磁电流 I_0 在漏电抗 X_1 上的电压降,为

$$\dot{E}_{s1} = -j\dot{I}_0 X_1$$

它们的电压方程式都为

$$\dot{U}_1 = -\dot{E}_1 + \dot{I}_0(R_1 + jX_1)$$

漏电抗 X_1,在变压器里,是一相电流产生的漏磁通所对应的漏电抗。在异步电动机里,漏磁通是由三相电流产生的。

它们的等效电路是一样的。

7.5　为什么三相异步电动机励磁电流的标幺值比三相变压器的大很多?

答　变压器与三相异步电动机主磁路材料不同。变压器的主磁路全部用高导磁材料制成,磁阻很小,励磁阻抗较大;而异步电动机的定、转子可以用高导磁材料,但是必定有气隙,而气隙的磁阻很大,励磁阻抗较小。为此,变压器励磁电流的标幺值仅为 $0.02\sim0.10$,而异步电动机却可达 $0.20\sim0.50$。

7.6　为什么异步电动机的气隙很小?

答　凡是电动机,定、转子之间必定要有气隙,否则无法旋转。在异步电动机里,要在主磁路中产生同样的气隙每极磁通量,气隙越小,磁阻越小,励磁电流越小,对提高功率因数很有好处,所以在异步电动机设计时,要求定、转子不会发生机械碰撞的前提下,尽量把气隙变小。

7.7 异步电动机转子铁心不用铸钢铸造或钢板叠成,而用硅钢片叠成,这是为什么?

答 异步电动机运行时,励磁磁通势产生的磁通相对于转子是旋转的,转子铁心中的磁通是交变的,为了减少铁心损耗,采取硅钢片叠成,而不采用铁损耗较大的铸钢或钢板。

7.8 三相异步电动机接三相电源转子堵转时,为什么产生电磁转矩? 其方向由什么决定?

答 从三相异步电动机接三相电源、转子堵转的电磁关系分析可知,由于气隙旋转磁密 $\dot{B}_\delta$ 与转子导体相对切割,转子绕组中有了感应电动势和电流,这些载流导体在磁场中受力,从而产生电磁转矩。只是由于堵转而转不起来,其电磁转矩的方向就是旋转磁通势的旋转方向。

7.9 三相异步电动机接三相电源,转子绕组开路和短路时定子电流为什么不一样?

答 定子绕组开路时,定子电流就是励磁电流,相对较小。若转子绕组短路,转子绕组就产生电流,并产生磁通势 $\dot{F}_2$。为保持电机中磁通势的平衡,定子磁通势 $\dot{F}_1$ 数值也应相应增大,满足 $\dot{F}_1 = -\dot{F}_2 + \dot{F}_0$,定子电流 I_1 也增大,满足 $\dot{I}_1 = -\dot{I}_2' + \dot{I}_0$,其标幺值大约为 4~7。

7.10 三相异步电动机接三相电源转子堵转时,转子电流的相序如何确定? 频率是多少? 转子电流产生磁通势的性质怎样? 转向和转速如何?

答 若三相电源相序是 $A_1—B_1—C_1—A_1$,励磁磁通势转向为 $+A_1—+B_1—+C_1—+A_1$,则转子电流的相序应为 $A_2—B_2—C_2—A_2$,频率为 $f_2 = sf_1$,s 为转差率;转子磁通势 $\dot{F}_2$ 为旋转磁通势,其转向及转速均与励磁磁通势相同。

7.11 三相异步电动机堵转情况下,把转子边的量向定子边折合,折合的原则是什么? 折合前的电动势 E_2、电流 I_2 及参数 Z_2 与折合后的 E_2'、I_2' 及 Z_2' 的关系是什么?

答 折合的原则是保持折合前后转子磁通势不变。折合前后的关系是

$$E_2' = k_e E_2, \quad I_2' = I_2/k_i, \quad Z_2' = k_e k_i Z_2$$

7.12 三相异步电动机转子堵转时的等效电路是如何组成的?

答 等效电路是一个转子绕组边短路的 T 型电路,中间是励磁阻抗,定子边是定子漏阻抗,转子边是转子漏阻抗,见教材图 7.18。

7.13 已知三相异步电动机的极对数 p,根据同步转速 n_1、转速 n、定子频率 f_1、转子频率 f_2、转差率 s 及转子旋转磁通势 $\dot{F}_2$ 相对于转子的转速 n_2 之间的关联,请填满表 7.1 中的空格。

表 7.1

序号	p	$n_1/(\text{r}\cdot\text{min}^{-1})$	$n/(\text{r}\cdot\text{min}^{-1})$	f_1/Hz	f_2/Hz	s	$n_2/(\text{r}\cdot\text{min}^{-1})$
(1)	1			50		0.03	
(2)	2		1000	50			
(3)		1800		60	3		
(4)	5	600	−500				
(5)	3	1000				−0.2	
(6)	4			50		1	

答 (1) 3000,2910,1.5,90;

(2) 1500,16.5,0.33,500;

(3) 2,1710,0.05,90;

(4) 50,91.7,1.83,1100;

(5) 1200,50,10,－200；

(6) 750,0,50,750。

7.14 普通三相异步电动机励磁电流标幺值和额定转差率的数值范围是什么？

答 $I_0 = 0.20 \sim 0.50, s = 0.01 \sim 0.05$

7.15 请简单证明转子磁通势相对于定子的转速为同步转速 n_1。

答 磁通势 $\dot{F}_2$ 相对于转子的转速为 n_2，转子相对于定子的转速为 n，转子磁通势相对于定子的转速应为

$$n_2 + n = sn_1 + n = \frac{n_1 - n}{n_1} n_1 + n = n_1$$

7.16 三相异步电动机转子不转时，转子每相感应电动势为 E_2、漏电抗为 X_2，旋转时转子每相电动势和漏电抗值为多大？为什么？

答 旋转时为 $E_{2s} = sE_2, X_{2s} = sX_2$。因为转子不转时，$E_2$ 的频率为 f_1，X_2 也是对应于 f_1 的电抗值，而旋转时，E_{2s} 是 $f_2 = sf_1$ 的频率，E_{2s} 与 f_2 成正比，即

$$E_{2s} = 4.44 f_2 N_2 k_{dp} \Phi_1$$
$$= 4.44 sf_1 N_2 k_{dp} \Phi_1$$
$$= sE_2$$

而漏电抗 X_{2s} 是 f_2 时的大小，与频率成正比，即

$$X_{2s} = sX_2$$

7.17 三相异步电动机运行时，转子向定子折合的原则是什么？折合的具体内容有哪些？

答 折合的原则是保持转子磁通势 $\dot{F}_2$ 不变。折合的具体内容包括转子绕组频率折合、绕组相数、匝数及绕组系数的折合。

7.18   对比三相异步电动机与变压器的 T 型等效电路,二者有什么异同? 转子电路中的 $\dfrac{1-s}{s}R_2'$ 代表什么?

答   二者相同点主要是:形式一样;变压器的一次和三相异步电动机定子边都采用每相参数的实际值,而变压器的二次和异步电动机转子都采用折合值。

二者不同点主要是:变压器中折合只是绕组匝数折合,而异步电动机除了绕组匝数折合外,还有频率、相数折合。变压器负载运行时,变压器的负载阻抗只需要乘以变比的平方,便可用等效电路计算,变压器输出的电功率的性质及功率因数完全取决于负载的性质,可以是电阻性、电感性或电容性的。而三相异步电动机运行时,实际输出机械功率,但在等效电路中用一个等效电阻 $\dfrac{1-s}{s}R_2'$ 表示,其上的损耗(电功率)代表了电动机输出的机械功率。也就是说,机械功率的大小与电动机转差率 s 有关,性质也只是电阻上的有功功率,不可能有电感性或电容性的。转子电路中 $\dfrac{1-s}{s}R_2'$ 是机械功率的等效电阻。

7.19   三相异步电动机主磁通数值在正常运行和启动时一样大吗? 约差多少?

答   不一样大,主磁通在启动时的大小约为正常运行时的二分之一。

7.20   三相异步电动机转子电流的数值在启动时和运行时一样大吗? 为什么?

答   不一样大,普通三相异步电动机转子电流启动时约为运行时的 5 倍以上。从等效电路中看,启动时 $s=1$,电阻 $\dfrac{1-s}{s}R_2'=0$,而运行时 $\dfrac{1-s}{s}R_2'$ 约为启动时的 20 倍,转子电流 I_2' 显然是启动时大于运行时。事实上,由于启动时转子不转,励磁磁密相对于转子的转速是同步转速 n_1 ,而运行时二者相对转速是 $n_1-n=sn_1 \ll n_1$ 。转子绕组中感应电动势实际值也相差很多。尽管主磁通数值在启动时小,转子绕组电抗也小,电阻一样,最终还是造成转子电流启动时比正常运行时大很多的结果。

7.21 若三相异步电动机启动时转子电流为额定运行时的 5 倍,是否启动时电磁转矩也应为额定电磁转矩的 5 倍?为什么?

答 不是。电磁转矩的大小与主磁通、转子电流及转子功率因数都成正比关系。启动时,转子电流虽为额定运行时的 5 倍,但是主磁通约减半,而且功率因数 $\cos \varphi_2$ 很低,电磁转矩不会是额定转矩的 5 倍,而是相接近。

$\cos \varphi_2$ 取决于 R_2 和 sX_2 。启动时 $s=1$, $R_2 < X_2$, $\cos \varphi_2$ 低,额定运行时, $s \ll 1$, $R_2 > X_2$, $\cos \varphi_2$ 高。

7.22 异步电动机的定、转子绕组没有电路连接,为什么负载转矩增大时定子电流会增大?负载变化时(在额定负载范围内)主磁通变化否?

答 异步电动机负载在额定值范围内变化时,主磁通量基本不变。理由是:主磁通的大小与电动势 E_1 成正比,或取决于 E_1 ,而 $\dot{U}_1=-\dot{E}_1+\dot{I}_1Z_1$,定子漏阻抗 Z_1 不大,从空载到额定负载定子电流 I_1 尽管相差很大,但与 U_1 比较, I_1Z_1 值不大,可以认为 $U_1 \approx E_1$ 。电压 U_1 不变,故 E_1 近似不变,主磁通近似不变。

由于主磁通基本不变,产生它的励磁磁通势 F_0 数值基本不变,或 $\dot{F}_0$ 不变。

负载转矩增大时,电磁转矩也同时增大,而电磁转矩 $T=C_{ij}\Phi_1 I_2 \cos \varphi_2$,式中 $\cos \varphi_2 \approx 1$, Φ_1 不变, T 增大,转子电流 I_2 随之增大。

异步电动机磁通势平衡关系是

$$\dot{F}_1 + \dot{F}_2 = \dot{F}_0 \quad \text{或} \quad \dot{F}_1 = \dot{F}_0 + (-\dot{F}_2)$$

由于$\dot{F}_0$不变,转子电流增大致使F_2增大,F_1中的$(-F_2)$分量也要增大,结果是定子电流I_1增大。以上就是电动机负载增大时,电机转子电流增大,通过磁通势平衡关系,尽管定、转子绕组没有电路上的连接,定子电流也会增大,由电源送入电机的电功率也就增大了。

7.23 三相异步电动机等效电路中的参数X_1,X_2',X_m和R_m,在电动机接额定电压从空载到额定负载的情况下,这些参数值是否变化?

答 从空载到满载变化时,以上参数都不会变化。主磁通基本不变,与主磁路相应的励磁电抗X_m和励磁电阻R_m都不变。定子绕组漏电抗X_1、转子绕组漏电抗X_2都与定、转子漏磁路相关,漏磁路主要由空气组成,是线性磁路,故X_1与X_2均为常数。

7.24 一台三相异步电动机的额定电压380/220 V,定子绕组接法Y/△,试问:

(1) 如果将定子绕组△接法,接三相380 V电压,能否空载运行? 能否负载运行? 会发生什么现象?

(2) 如果将定子绕组Y接法,接于三相220 V电压,能否空载运行? 能否负载运行? 会发生什么现象?

答 电动机铭牌标明定子电压380/220 V,Y/△的正确接法是:当电源电压为380 V时,定子绕组接成Y接法,电压为220 V时,定子绕组接成△接法,也就是定子绕组每相的额定电压都是220 V。

第一种情况,实际定子每相电压为380 V,超过额定值$\sqrt{3}$倍。这样必然使主磁通大大增加,电机磁路有饱和现象,必将使励磁电流表现为定子电流急剧增大,足以使电机的保护电路起作用,例如最简单的是熔断器熔断,如果没安装保护装置,时间稍长便可能损坏电机本身。因此绝不可能再负载运行了。

第二种情况,实际定子每相电压为 $220/\sqrt{3}$ V,大大低于额定值。主磁通将大为减少,而电磁转矩 $M=C_{\mathrm{M_j}}\Phi_1 I_2\cos\varphi_2$,额定负载时,由于 Φ_1 减小,电流 I_2 必然增大,超过额定电流,同时定子电流 I_1 也超过额定值。这样会使电机保护装置动作,否则会损坏绝缘损坏电机。但如果带轻负载运行,又不使电流超过额定值,就不会因电流过大损坏电机,反而由于磁通量减少,电机铁损耗降低,可以节约电能。

7.25 三相异步电动机空载运行时,转子边功率因数 $\cos\varphi_2$ 很高,为什么定子边功率因数 $\cos\varphi_1$ 却很低?为什么额定负载运行时定子边的 $\cos\varphi_1$ 又比较高?为什么 $\cos\varphi_1$ 总是滞后性的?

答 异步电动机空载运行时,转差率极小,接近于零,于是转子频率很低,漏电抗 X_{2s} 很小,也接近于零。此时,转子功率因数 $\cos\varphi_2\approx1$。但是,空载运行时,定子尚有较大的励磁电流,此电流与电压 $\dot{U}_1$ 夹角接近 $90°$,故定子边功率因数 $\cos\varphi_1$ 很低,约为 0.2。

额定负载运行时,转子边功率因数也较高,电流 I'_2 为额定值,此时定子边电流 $\dot{I}_1$ 中,励磁电流 $\dot{I}_0$ 为次要部分,负载分量 $(-\dot{I}'_2)$ 为主要部分,造成 $\dot{I}_1$ 落后于 $\dot{U}_1$ 的角度 φ_1 不大,功率因数 $\cos\varphi_1$ 比较高。由于励磁电抗及定、转子漏电抗都是感性的,$\dot{I}_1$ 总是滞后于 $\dot{U}_1$,故功率因数 $\cos\varphi_1$ 总是滞后性的。

7.26 一台额定频率为 60 Hz 的三相异步电动机用在 50 Hz 电源上,其他不变,电动机空载电流如何变化?若拖动额定负载运行,电源电压有效值不变,因频率降低会出现什么问题?

答 电源电压大小额定不变的前提下,降低频率的结果是:电动势 E_1 接近于 U_1,f_1 降低,主磁通 Φ_1 提高,励磁电流由于磁路饱和限制会增大很多,定子电流 I_1 随之增大。空载运行时,只要此时的 I_1 不超过额定电流即可,否则会损坏电机。若拖动额定负载运行,定子电流将会较大地超过额定值,将损坏电动机;若有保护系统,将会动作。

7.27 填空。

(1) 忽略空载损耗,拖动恒转矩负载运行的三相异步电动机,其 $n_1=1500$ r/min,电磁功率 $P_M=10$ kW。若运行时转速 $n=1455$ r/min,输出机械功率 $P_m=$ _____ kW;若 $n=900$ r/min,则 $P_m=$ _____ kW;若 $n=300$ r/min,则 $P_m=$ _____ kW,转差率 s 越大,电动机效率越 _____。

(2) 三相异步电动机电磁功率为 P_M,机械功率为 P_m,输出功率为 P_2,同步角速度为 Ω_1,机械角速度为 Ω,那么 $\dfrac{P_M}{\Omega_1}=$ _____,

称为 _____;$\dfrac{P_m}{\Omega}=$ _____,称为 _____;而 $\dfrac{P_2}{\Omega}=$ _____,

称为 _____。

(3) 三相异步电动机电磁转矩与电压 U_1 的关系是 _____。

(4) 三相异步电动机最大电磁转矩与转子回路电阻成 _____ 关系,临界转差率与转子回路电阻成 _____ 关系。

答 (1) 9.7,6.0,2.0,低;

(2) T,电磁转矩,T,电磁转矩,T_2,输出转矩;

(3) 与电压平方成正比;

(4) 无关,正比。

7.28 三相异步电动机能否长期运行在最大电磁转矩情况下? 为什么?

答 不能。原因是在最大转矩处,定、转子电流超过额定电流较多,损耗过大会损坏电机;同时最大转矩处运行不稳定,负载转矩略有加大则会减速至停车。

7.29　某三相异步电动机机械特性与反抗性恒转矩负载转矩特性相交于图 7.1 中的 1、2 两点，与通风机负载转矩特性相交于点 3。请回答 1、2、3 三点中哪点能稳定运行，哪点能长期稳定运行？

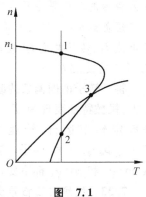

答　1、3 两点可以稳定运行，但只有 1 点能长期稳定运行。

7.30　频率为 60 Hz 的三相异步电动机接于 50 Hz 的电源上，电压不变，其最大电磁转矩和堵转转矩将如何变化？

图　7.1

答　电动机电压不变，但频率降低，会引起电机中主磁通增大，最大电磁转矩和堵转转矩都加大。从最大转矩及堵转转矩与电机参数及电压、频率的关系式

$$T_{\mathrm{m}} = \pm \frac{1}{2} \frac{3pU_1^2}{2\pi f_1 \left[\pm R_1 + \sqrt{R_1^2 + (X_1 + X_2')^2} \right]}$$

$$T_{\mathrm{S}} = \frac{3pU_1^2 R_2'}{2\pi f_1 \left[(R_1 + R_2')^2 + (X_1 + X_2')^2 \right]}$$

亦可看出。

7.31　三相异步电动机额定电压为 380 V，额定频率为 50 Hz，转子每相电阻为 0.1 Ω，其 $T_{\mathrm{m}} = 500$ N·m，$T_{\mathrm{S}} = 300$ N·m，$s_{\mathrm{m}} = 0.14$，请填写下面空格：

（1）若额定电压降至 220 V，则 $T_{\mathrm{m}} =$ _____ N·m，$T_{\mathrm{S}} =$ _____ N·m，$s_{\mathrm{m}} =$ _____ 。

（2）若转子每相串入 $R = 0.4$ Ω 电阻，则 $T_{\mathrm{m}} =$ _____ N·m，$T_{\mathrm{S}} =$ _____ 300 N·m，$s_{\mathrm{m}} =$ _____ 。

答　（1）166.7，100.0，0.14；

（2）500.0，小于，0.70。

7.32 一台鼠笼式三相异步电动机转子是插铜条的,损坏后改为铸铝的。如果在额定电压下,仍旧拖动原来额定转矩大小的恒转矩负载运行,那么与原来各额定值比较,电动机的转速 n、定子电流 I_1、转子电流 I_2、功率因数 $\cos \varphi_1$、输入功率 P_1 及输出功率 P_2 将怎样变化?

答 转子由插铜条的改成铸铝的之后,等于转子每相电阻 R_2 加大,机械特性表现为 T_m 不变而 s_m 加大,特性变软。若拖动原来额定转矩运行,转速会下降,输出功率 $P_2 = T_2 \Omega$ 减小, $T = C_{Tj} \Phi_m I_2 \cos \varphi_2$,转子电流 I_2 不变,定子电流 I_1 也不变,功率因数 $\cos \varphi_2$ 和 $\cos \varphi_1$ 都不变,输入功率也不变。

7.33 绕线式三相异步电动机转子回路串入适当电阻可以增大堵转转矩,串入适当电抗时,是否也有相似的效果?

答 没有。串入电抗后堵转转矩不但不增大反而会减小。

习题解答

7.1 五相对称绕组轴线顺时针排列,通五相对称电流 $i_A = \sqrt{2} I \cos \omega t$, $i_B = \sqrt{2} I \cos(\omega t - 72°)$, $i_C = \sqrt{2} I \cos(\omega t - 144°)$, $i_D = \sqrt{2} I \cos(\omega t - 216°)$, $i_E = \sqrt{2} I \cos(\omega t - 288°)$,请画出 $\omega t = 0°$, $\omega t = 72°$ 两瞬间磁通势矢量图,标出合成磁通势位置与转向,说明其性质。

解 $\omega t = 0°$ 瞬间、$\omega t = 72°$ 瞬间磁通势矢量图见图 7.2 和图 7.3,是在空间正弦分布、最大幅值不变、顺时针旋转的旋转磁通势。

7.2 一台三相四极绕线式异步电动机定子接在 50 Hz 的三相电源上,转子不转时,每相感应电动势 $E_2 = 220$ V, $R_2 = 0.08$ Ω, $X_2 = 0.45$ Ω。忽略定子漏阻抗影响,求在额定运行 $n_N = 1470$ r/min 时的下列各量:

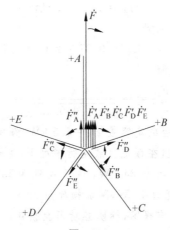

图 7.2

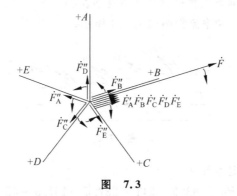

图 7.3

(1) 转子电流频率；

(2) 转子相电动势；

(3) 转子相电流。

解 (1) 转子电流频率

$$s = \frac{n_1 - n_\mathrm{N}}{n_1} = \frac{1500 - 1470}{1500} = 0.02$$

$$f_2 = sf_1 = 1 \text{ Hz}$$

（2）转子相电动势

$$E_{2s} = sE_2 = 0.02 \times 220 = 4.4 \text{ V}$$

（3）转子相电流

$$I_2 = \frac{E_{2s}}{Z_{2s}} = \frac{4.4}{\sqrt{0.08^2 + 0.45^2}} = 9.63 \text{ A}$$

7.3 设有一台额定容量 $P_N = 5.5$ kW，频率 $f_1 = 50$ Hz 的三相四极异步电动机，在额定负载运行情况下，由电源输入的功率为 6.32 kW，定子铜耗为 341 W，转子铜耗为 237.5 W，铁损耗为 167.5 W，机械损耗为 45 W，附加损耗为 29 W。

（1）画出功率流程图，标明各功率及损耗；

（2）在额定运行的情况下，求电动机的效率、转差率、转速、电磁转矩以及转轴上的输出转矩各是多少？

解 （1）功率流程图如图 7.4 所示。

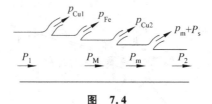

图 7.4

（2）额定运行时

$$\eta = \frac{P_N}{P_1} = \frac{6320 - 341 - 237.5 - 167.5 - 45 - 29}{6320}$$
$$= 0.87$$

$$P_M : p_{Cu2} : P_m = 1 : s : (1-s)$$

$$s = \frac{p_{Cu2}}{P_M} = \frac{237.5}{6320 - 341 - 167.5} = 0.04$$

$$n = n_1 - sn_1 = 1500 - 0.04 \times 1500 = 1440 \text{ r/min}$$

$$T = \frac{P_M}{\Omega_1} = 9550 \frac{P_M}{n_1}$$

$$= 9550 \times \frac{(6320 - 341 - 167.5) \times 10^{-3}}{1500}$$

$$= 40 \text{ N} \cdot \text{m}$$

$$T_2 = \frac{P_N}{\Omega_N} = 9550 \frac{P_N}{n} = 9550 \times \frac{5.5}{1440} = 36.5 \text{ N} \cdot \text{m}$$

7.4 一台三相六极异步电动机,额定数据为:$P_N = 28 \text{ kW}$, $U_N = 380 \text{ V}, f_1 = 50 \text{ Hz}, n_N = 950 \text{ r/min}$,额定负载时定子边的功率因数 $\cos \varphi_{1N} = 0.88$,定子铜耗、铁耗共为 2.2 kW,机械损耗为 1.1 kW,忽略附加损耗。在额定负载时,求:

(1) 转差率;

(2) 转子铜耗;

(3) 效率;

(4) 定子电流;

(5) 转子电流的频率。

解 (1) 转差率

$$s = \frac{n_1 - n}{n_1} = \frac{1000 - 950}{1000} = 0.05$$

(2) 转子铜耗

$$p_{Cu2} = \frac{s}{1-s} P_m = \frac{0.05 \times (28 + 1.1) \times 10^3}{1 - 0.05} = 1531.6 \text{ W}$$

(3) 效率

$$\eta = \frac{P_N}{P_1} = \frac{28\,000}{28\,000 + 1100 + 2200 + 1531.6} = 0.85$$

(4) 定子电流

$$I_1 = \frac{P_1}{\sqrt{3} U_1 \cos \varphi_1}$$

$$= \frac{28\,000 + 1100 + 2200 + 1531.6}{\sqrt{3} \times 380 \times 0.88}$$

$$= 56.6 \text{ A}$$

(5) 转子电流频率

$$f_2 = sf_1 = 0.05 \times 50 = 2.5 \text{ Hz}$$

7.5 已知一台三相四极异步电动机的额定数据为：$P_N = 10 \text{ kW}$，$U_N = 380 \text{ V}$，$I_N = 11.6 \text{ A}$，定子为Y接法，额定运行时，定子铜耗 $p_{Cu1} = 557 \text{ W}$，转子铜耗 $p_{Cu2} = 314 \text{ W}$，铁耗 $p_{Fe} = 276 \text{ W}$，机械损耗 $p_m = 77 \text{ W}$，附加损耗 $p_s = 200 \text{ W}$。求该电动机额定负载时的：

(1) 额定转速；

(2) 空载转矩；

(3) 转轴上的输出转矩；

(4) 电磁转矩。

解 (1) 额定转速的计算

电磁功率

$$
\begin{aligned}
P_M &= P_N + p_{Cu2} + p_m + p_s \\
&= 10\,000 + 314 + 77 + 200 \\
&= 10\,591 \text{ W}
\end{aligned}
$$

$$1 - s = \frac{P_m}{P_M} = \frac{10\,000 + 77 + 200}{10\,591} = 0.97$$

转差率

$$s = 1 - (1 - s) = 0.03$$

额定转速

$$n = (1 - s)n_1 = 1455 \text{ r/min}$$

(2) 空载转矩

$$
\begin{aligned}
T_0 &= \frac{p_m + p_s}{\Omega} \\
&= 9550 \times \frac{200 + 77}{1416} \times 10^{-3} \\
&= 1.87 \text{ N} \cdot \text{m}
\end{aligned}
$$

（3）转轴上的输出转矩

$$T_2 = \frac{P_N}{\Omega_1} = 9550 \times \frac{10}{1500} = 63.7 \text{ N} \cdot \text{m}$$

（4）电磁转矩

$$T = \frac{P_M}{\Omega_1} = 9550 \times \frac{10.591}{1500} = 67.4 \text{ N} \cdot \text{m}$$

7.6　一台三相四极异步电动机额定数据为：$P_N = 10 \text{ kW}$，$U_N = 380 \text{ V}$，$I_N = 19.8 \text{ A}$，定子绕组Y接法，$R_1 = 0.5 \Omega$。空载试验数据为：$U_1 = 380 \text{ V}$，$P_0 = 0.425 \text{ kW}$，$I_0 = 5.4 \text{ A}$，机械损耗 $p_m = 0.08 \text{ kW}$，忽略附加损耗。短路试验数据为：$U_K = 120 \text{ V}$，$P_K = 0.92 \text{ kW}$，$I_K = 18.1 \text{ A}$。若 $X_1 = X_2'$，求电机的参数 R_2'，X_1，X_2'，R_m 和 X_m。

解　先进行短路试验数据计算：

$$Z_K = \frac{U_K/\sqrt{3}}{I_K} = \frac{120/\sqrt{3}}{18.1} = 3.83 \Omega$$

$$R_K = \frac{P_K}{3I_K^2} = \frac{0.92 \times 10^3}{3 \times 18.1^2} = 0.94 \Omega$$

$$X_K = \sqrt{Z_K^2 - R_K^2} = 3.71 \Omega$$

$$X_1 = X_2' = \frac{1}{2}X_K = 1.86 \Omega$$

$$R_2' = R_K - R_1 = 0.44 \Omega$$

再计算空载试验数据：

$$Z_0 = \frac{U_1/\sqrt{3}}{I_0} = \frac{380/\sqrt{3}}{5.4} = 40.7 \Omega$$

$$R_0 = \frac{P_0 - p_m}{3I_0^2} = \frac{(0.425 - 0.08) \times 10^3}{3 \times 5.4^2} = 3.9$$

$$X_0 = \sqrt{Z_0^2 - R_0^2} = 40.5 \Omega$$

$$X_m = X_0 - X_1 = 38.6 \Omega$$

$$R_m = R_0 - R_1 = 3.5\ \Omega$$

7.7 一台三相六极鼠笼式异步电动机数据为：额定电压 $U_N = 380\ V$，额定转速 $n_N = 957\ r/min$，额定频率 $f_1 = 50\ Hz$，定子绕组Y接法，定子电阻 $R_1 = 2.08\ \Omega$，转子电阻折合值 $R_2' = 1.53\ \Omega$，定子漏电抗 $X_1 = 3.12\ \Omega$，转子漏电抗折合值 $X_2' = 4.25\ \Omega$。求：

(1) 额定转矩；

(2) 最大转矩；

(3) 过载倍数；

(4) 最大转矩对应的转差率。

解 同步转速

$$n_1 = \frac{60 f_1}{p} = 1000\ r/min$$

额定转差率

$$s_N = \frac{n_1 - n_N}{n_1} = 0.043$$

(1) 额定转矩

$$
T_N = \frac{m_1}{\Omega_N} \cdot \frac{U_1^2 \dfrac{R_2'}{s_N}}{\left(R_1 + \dfrac{R_2'}{s_N}\right)^2 + (X_1 + X_2')^2}
$$

$$
= \frac{3}{\dfrac{2\pi \times 1000}{60}} \times \frac{220^2 \times \dfrac{1.53}{0.043}}{\left(2.08 + \dfrac{1.53}{0.043}\right)^2 + (3.12 + 4.25)^2}
$$

$$= 33.5\ N \cdot m$$

(2) 最大转矩

$$
T_m = \frac{m_1}{\Omega_N} \cdot \frac{U_1^2}{2\left[R_1 + \sqrt{R_1^2 + (X_1 + X_2')^2}\right]}
$$

$$= \frac{3}{\frac{2\pi \times 1000}{60}} \times \frac{220^2}{2\left[2.08 + \sqrt{2.08^2 + (3.12 + 4.25)^2}\right]}$$

$$= 71.17 \text{ N} \cdot \text{m}$$

（3）过载倍数

$$\lambda = \frac{T_{\text{m}}}{T_{\text{N}}} = \frac{71.17}{33.5} = 2.12$$

（4）最大转矩对应的转差率

$$s_{\text{m}} = \frac{R_2'}{\sqrt{R_1^2 + (X_1 + X_2')^2}} = \frac{1.53}{\sqrt{2.08^2 + (3.12 + 4.25)^2}}$$

$$= 0.2$$

7.8 一台三相四极定子绕组为Y接法的绕线式异步电动机数据为：额定容量 $P_{\text{N}} = 150 \text{ kW}$，额定电压 $U_{\text{N}} = 380 \text{ V}$，额定转速 $n_{\text{N}} = 1460 \text{ r/min}$，过载倍数 $\lambda = 3.1$。求：

（1）额定转差率；

（2）最大转矩对应的转差率；

（3）额定转矩；

（4）最大转矩。

解 （1）额定转差率

$$s_{\text{N}} = \frac{n_1 - n_{\text{N}}}{n_1} = \frac{1500 - 1460}{1500} = 0.027$$

（2）最大转矩对应的转差率

$$s_{\text{m}} = s_{\text{N}}(\lambda + \sqrt{\lambda^2 - 1})$$

$$= 0.027 \times (3.1 + \sqrt{3.1^2 - 1})$$

$$= 0.163$$

（3）额定转矩

$$T_{\text{N}} = 9550 \frac{P_{\text{N}}}{n_{\text{N}}} = 9550 \times \frac{150}{1460} = 981.1 \text{ N} \cdot \text{m}$$

（4）最大转矩

$$T_m = \lambda T_N = 3.1 \times 981.1 = 3041.6 \text{ N} \cdot \text{m}$$

7.9 一台三相八极异步电动机数据为：额定容量 $P_N = 260 \text{ kW}$，额定电压 $U_N = 380 \text{ V}$，额定频率 $f_N = 50 \text{ Hz}$，额定转速 $n_N = 722 \text{ r/min}$，过载倍数 $\lambda = 2.13$。求：

（1）额定转差率；

（2）额定转矩；

（3）最大转矩；

（4）最大转矩对应的转差率；

（5）$s = 0.02$ 时的电磁转矩。

解 （1）额定转差率

$$s_N = \frac{n_1 - n_N}{n_1} = \frac{750 - 722}{750} = 0.037$$

（2）额定转矩

$$T_N = 9550 \frac{P_N}{n_N} = 9550 \times \frac{260}{722} = 3439 \text{ N} \cdot \text{m}$$

（3）最大转矩

$$T_m = \lambda T_N = 2.13 \times 3439 = 7325 \text{ N} \cdot \text{m}$$

（4）最大转矩对应的转差率

$$s_m = s_N(\lambda + \sqrt{\lambda^2 - 1})$$
$$= 0.037 \times (2.13 + \sqrt{2.13^2 - 1})$$
$$= 0.148$$

（5）$s = 0.02$ 时的电磁转矩

$$T = \frac{2T_m}{\dfrac{s}{s_m} + \dfrac{s_m}{s}} = \frac{2 \times 7325}{\dfrac{0.02}{0.148} + \dfrac{0.148}{0.02}} = 1944 \text{ N} \cdot \text{m}$$

7.10 一台三相绕线式异步电动机数据为：额定容量 $P_N = 75 \text{ kW}$，额定转速 $n_N = 720 \text{ r/min}$，定子额定电流 $I_N = 148 \text{ A}$，额定

效率 $\eta_N = 90.5\%$，额定功率因数 $\cos\varphi_{1N} = 0.85$，过载倍数 $\lambda = 2.4$，转子额定电动势 $E_{2N} = 213\,V$（转子不转，转子绕组开路电动势），转子额定电流 $I_{2N} = 220\,A$。求：

(1) 额定转矩；

(2) 最大转矩；

(3) 最大转矩对应的转差率；

(4) 用实用转矩公式绘制电动机的固有机械特性。

解　(1) 额定转矩

$$T_N = 9550 \times \frac{P_N}{n_N} = 9550 \times \frac{75}{720} = 995\,\text{N} \cdot \text{m}$$

(2) 最大转矩

$$T_m = \lambda T_N = 2.4 \times 995 = 2388\,\text{N} \cdot \text{m}$$

(3) 最大转矩对应的转差率

先求额定转差率

$$s_N = \frac{n_1 - n_N}{n_1} = \frac{750 - 720}{750} = 0.04$$

最大转矩对应的转差率为

$$s_m = s_N(\lambda + \sqrt{\lambda^2 - 1}) = 0.04(2.4 + \sqrt{2.4^2 - 1}) = 0.183$$

(4) 用实用转矩公式绘制电动机的固有机械特性。

实用公式可表示为

$$T = \frac{2T_m}{\dfrac{s}{s_m} + \dfrac{s_m}{s}}$$

对应于不同的 s，求取 T 的值，见表 7.2。

表　7.2

s	0	0.04	0.1	0.15	0.183	0.30	0.50	0.80	1
$T/(\text{N} \cdot \text{m})$	0	995	2009.6	2341.5	2388	2123.6	1540.6	1038.3	846.4

将此数据作出 $T=f(s)$ 特性曲线，见图 7.5。

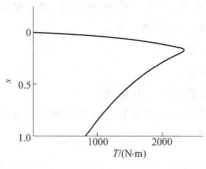

图　7.5

7.11　一台三相八极异步电动机的数据为：额定容量 $P_N=50 \text{ kW}$，额定电压 $U_N=380 \text{ V}$，额定频率 $f_N=50 \text{ Hz}$，额定负载时的转差率为 0.025，过载倍数 $\lambda=2$。

(1) 用转矩的实用公式求最大转矩对应的转差率；

(2) 求转子的转速。

解　(1) 最大转矩对应的转差率

$$s_m = s_N(\lambda + \sqrt{\lambda^2 - 1})$$
$$= 0.025 \times (2 + \sqrt{2^2 - 1})$$
$$= 0.093$$

（2）**转子转速**

$$n = n_1 - sn_1 = 750 - 0.025 \times 750 = 731 \text{ r/min}$$

7.12　一台三相六极绕线式异步电动机接在频率为 50 Hz 的电网上运行，已知电机定、转子总电抗每相为 0.1 Ω，折合到定子边的转子电阻每相为 0.02 Ω，求：

(1) 最大转矩对应的转速；

(2) 要求堵转转矩是最大转矩的 2/3，需在转子中串入多大的电阻(折合到定子边，并忽略定子电阻)。

解 （1）最大转矩对应的转速计算

$$s_{\mathrm{m}} = \frac{R_2'}{X_1 + X_2'} = \frac{0.02}{0.1} = 0.2$$

$$n = n_1 - s_{\mathrm{m}} n_1 = 1000 - 0.2 \times 1000 = 800 \text{ r/min}$$

（2）转子串入电阻的计算

$$T_{\mathrm{m}} = \frac{1}{2} \times \frac{3 p U_1^2}{2 \pi f_1 (X_1 + X_2')}$$

$$T_{\mathrm{S}} = \frac{3 p U_1^2 (R_2' + R)}{2 \pi f_1 \left[(R_2' + R)^2 + (X_1 + X')^2 \right]}$$

$$= \frac{2}{3} T_{\mathrm{m}}$$

得出

$$\frac{R_2' + R}{(R_2' + R)^2 + 0.1^2} = \frac{2}{3} \times \frac{1}{2} \times \frac{1}{0.1} = 3.33$$

$$R_2' + R = 0.26 \ \Omega \quad \text{或} \quad 0.038 \ \Omega$$

应串入电阻

$$R = 0.26 - R_2' = 0.24 \ \Omega \quad \text{或} \quad 0.018 \ \Omega$$

第 8 章

CHAPTER 8

三相异步电动机的
启动与制动

重点与难点

1. 三相异步电动机直接启动的特点是启动电流大而启动转矩并不大。小容量鼠笼式三相异步电动机可以直接启动。

2. 鼠笼式三相异步电动机降压启动方法有定子串接电抗器启动、Y-△启动、自耦变压器降压启动、三相反并联晶闸管降压启动等。前三种方法启动电流与启动转矩的计算方法见教材中例题 8-1、例题 8-2。

3. 绕线式三相异步电动机转子回路串电阻分级启动方法及其计算,见教材例题 8-3。

4. 三相异步电动机电动运行、能耗制动的机械特性的特点及如何实施能耗制动。

5. 绕线式三相异步电动机反接制动、倒拉反转运行、回馈制动运行的实现方法、机械特性的特点。

6. 绕线式三相异步电动机四个象限各种不同运行状态下的定量计算,见教材例题 8-4～例题 8-6。

7. 各种不同运行状态下的能量关系。

8. 本章为重点章,基本概念和相关定量计算并重,计算量较大,要求熟练掌握。

思 考题解答

8.1 容量为几千瓦时,为什么直流电动机不能直接启动而鼠笼式三相异步电动机却可以直接启动?

答 直流电动机若直接启动,其启动电流比额定电流大 20 倍左右,电机不能换向,而且还会急剧发热,是不允许的。而鼠笼式三相异步电动机直接启动电流约为额定电流的 4～7 倍,没有换向问题,只要启动时间不太长,发热也是允许的,不至于损坏电机。

8.2 两台一样的鼠笼式三相异步电动机同轴连接,启动时,把它们的定子绕组串联,启动后再改成并联。试分析这种启动方式时的启动电流与启动转矩,与它们并联直接启动相比较有什么不同?

答 两台电动机完全一样,定子串联后接电源启动,相当于每台电动机降压到 $\frac{1}{2}U_1$ 启动,而并联启动时则均为全压启动。每台电机直接启动时启动电流为 I_s,启动转矩为 T_s,两台并联启动合起来的启动电流为 $2I_s$,启动转矩为 $2T_s$;而串联启动时,每台启动电流为 $\frac{1}{2}I_s$,启动转矩为 $\frac{1}{4}T_s$,两台合起来总启动电流为 I_s,总启动转矩为 $\frac{1}{2}T_s$。

8.3 某鼠笼式三相异步电动机铭牌上标注的额定电压为 380/220 V,接在 380 V 的交流电网上空载启动,能否采用Y-△降压启动?

答 不能。电源电压为 380 V 情况下,这台电动机正常运行时只能是Y接法。若采用Y-△启动,则运行时变成△接法,这是不允许的。

8.4 深槽式与双鼠笼式异步电动机为什么启动转矩大而效率不低？

答 深槽式与双鼠笼式异步电动机之所以启动转矩大,是由于启动时转子电动势及电流的频率较高,集肤效应造成转子电阻 R_2 增大,启动后,集肤效应不显著,转子电阻 R_2 变为正常值,因而运行时电机效率仍较高。

8.5 额定电压为 U_N,额定电流为 I_N 的某鼠笼式三相异步电动机,采用表 8.1 所列的各种方法启动,请通过计算填写表内空格。

表 **8.1**

启 动 方 法	定子绕组上的电压	定子绕组的启动电流	电源供给的启动电流	启动转矩
直接启动	U_N	$5I_N$	$5I_N$	$1.2T_N$
定子边串入电抗器	$0.8U_N$			
定子边接自耦变压器	$0.8U_N$			

答 定子边串入电抗器时三空格分别为 $4I_N,4I_N,0.768T_N$;定子边接自耦变压器时,三空格分别填入 $4I_N,3.2I_N,0.768T_N$。

8.6 判断下列各结论是否正确。

(1)鼠笼式三相异步电动机直接启动时,启动电流很大,为了避免启动过程中因过大电流而烧毁电机,轻载时需要降压启动。( )

(2)电动机拖动的负载越重,电流则越大,因此只要空载,三相异步电动机就可以直接启动。( )

(3)深槽式与双鼠笼式三相异步电动机启动时,由于集肤效应增大了转子电阻,因而具有较高的启动转矩倍数 K_T。( )

答 (1)×;(2)×;(3)√。

8.7 填空。

(1) 三相异步电动机定子绕组接法为_____,才有可能采用Y-△启动。

(2) 某台鼠笼式三相异步电动机绕组为△接法,$\lambda = 2.5$,$K_T = 1.3$,供电变压器容量足够大,该电动机_____用Y-△启动方式拖动额定负载启动。

(3) 一般鼠笼式三相异步电动机采用自耦变压器启动时,_____拖动额定负载启动。

答 (1)△接法;(2)不能;(3)不能。

8.8 绕线式三相异步电动机转子回路串入电阻启动,为什么启动电流不大但启动转矩却很大?

答 转子回路串入电阻启动时,转子回路中每相阻抗增大,启动电流比直接启动时要小。

启动转矩的大小取决于:(1)转子电流;(2)主磁通的大小;(3)转子回路功率因数的大小,表现为 $T = C_{Tj}\Phi_1 I_2 \cos \varphi_2$。

启动时,转子回路串入了电阻值后,还有两个影响。一是转子边总阻抗加大,折合到定子边后会使转子总阻抗折合值大于定子漏阻抗 Z_1,从等效电路看出,直接启动时 $E_1 = \frac{1}{2}U_1$,转子串入电阻启动时 $E_1 > \frac{1}{2}U_1$,也就是串电阻后增大了启动瞬间的主磁通 Φ_1。二是转子边串入电阻使 $\cos \varphi_2$ 提高。

综上所述,异步电动机转子串入电阻启动时,只要所串电阻不过大,在降低启动电流的同时还可增大启动转矩。

8.9 绕线式三相异步电动机,转子绕组串频敏变阻器启动时,为什么当参数合适时,可以使启动过程中电磁转矩较大,并基本保持恒定?

答 绕线式异步电动机转子回路串入适当的电阻可以增大启

动转矩,外串电阻 $R'=R_2'+X_1+X_2'$ 时,启动转矩 $T_s=T_m$。在启动过程中,随着转差率 s 减小、X_2' 减小,还要保持最大的启动转矩 M_m,则随 s 减小需要相应地减小外串的电阻值。频敏变阻器满足条件：(1)频率为 50 Hz 时 $R_p>X_p$,主要是电阻；(2)随着频率下降,R_p 及 X_p 均减小。因此只要频敏变阻器的参数设计得合适,串入绕线式电动机转子回路中,启动时相当于串了一个合适的电阻,增大了启动转矩；启动过程中 R_p 自动减小,继续保持较大的电磁转矩,直至启动结束,即使电磁转矩基本恒定。但是由于 X_p 的存在,电动机最大转矩 T_m 会略有下降。

8.10 频敏变阻器是电感线圈,若在绕线式三相异步电动机转子回路中串入一个普通三相电力变压器的一次绕组(二次侧开路),能否增大启动转矩？能否降低启动电流？有使用价值吗？为什么？

答 频敏变阻器在结构形式上似电感线圈,但是其参数主要是电阻 R_p,电抗很小,是励磁阻抗性质的,但比一般变压器的励磁阻抗又小得多。将其串入转子回路启动时,相当于串入了一个电阻 R_p,且远大于每相电阻 R_2,这样,既可限制启动电流,又可提高启动转矩。

一个普通三相电力变压器一次绕组,其参数主要是励磁阻抗,以 X_m 为主,而且数值很大。将其串入电动机转子回路启动时,由于其数值太大,会使电动机启动电流非常小。但它又是电抗、降低转子边的功率因数,最终也会较严重地降低启动转矩。普通三相电力变压器一次绕组起不到频敏变阻器帮助电机启动的作用,价格又高,因此没有使用价值。

8.11 判断下面结论是否正确。

(1) 绕线式三相异步电动机转子回路串入电阻可以增大启动转矩,串入电阻值越大,启动转矩也越大。（　）

(2) 绕线式三相异步电动机若在定子边串入电阻或电抗器,

可以减小启动转矩和启动电流;若在转子边串入电阻或电抗器,则可以加大启动转矩和减小启动电流。(　)

(3) 绕线式三相异步电动机转子串电阻分级启动,若仅仅考虑启动电流和启动转矩这两个因素,那么级数越多越好。(　)

答 (1)×;(2)×;(3)√。

8.12 三相异步电动机能耗制动时,定子绕组接线方式除了教材图 8.16 之外,还有其他方式吗? 若有请画出一种,并推导该方式接线时通入的直流电流 $I_=$ 与等效交流电流 $I_\sim$ 的关系式。

答 还有其他通入直流的方式,而且不止一个,只要使定子绕组通入直流电流产生合成直流磁通势 $F_=$ 就可以。对不同的方式,都按照 $F_\sim = F_=$ 的原则换算,不难得到 $I_\sim$ 与 $I_=$ 之间的换算关系。举例如下:

三相异步电动机定子绕组△接法,从绕组引出线 AB 两端通以直流电流 $I_=$,如图 8.1(a)所示,其各相绕组电流及产生的磁通势的情况如图 8.1(b)所示,则

$$F_A = 2F_B = 2F_C = \frac{2}{3} \frac{4}{\pi} \frac{1}{2} \frac{W_1 k_{dp}}{p} I_=$$

$$F = \frac{4}{\pi} \frac{1}{2} \frac{W_1 k_{dp}}{p} I_= = F_\sim$$

$$I_\sim = \frac{\sqrt{2}}{3} I_=$$

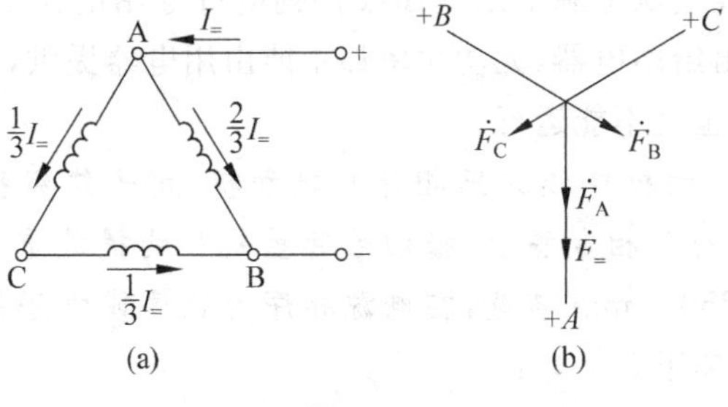

图 **8.1**

8.13　鼠笼式三相异步电动机能耗制动时,若定子接线方式不同而通入的 $I_=$ 大小相同,电动机的制动转矩在制动开始瞬间一样大小吗?

答　不一样。因为在制动开始瞬间只有相同大小磁通势时制动转矩才相同,而磁通势的大小与电流 $I_=$ 的大小及定子通入 $I_=$ 的接线方式都有关系。如果说能耗制动时等效交流电流 $I_\sim$ 相同,则开始制动时的制动转矩就一样大。

8.14　三相异步电动机拖动反抗性恒转矩负载运行,若 $|T_L|$ 较小,采用反接制动停车时应该注意什么问题?

答　当 $|T_L|$ 较小时,反接制动停车到转速降为 $n=0$ 时,必须采取其他如使用抱闸等停车措施,否则电动机可能会反向启动至反向电动运行。

8.15　三相异步电动机运行于反向回馈制动状态时,是否可以把电动机定子出线端从接在电源上改变为接在负载(用电器)上?

答　不可以。从有功功率传递的角度看,三相异步电动机运行于反向回馈制动状态时,把负载送入的机械功率($P_m<0$)转变为电功率($P_M<0$),然后送出去($P_1<0$)。但是从无功功率传递关系的角度看,电动机运行于反向回馈制动状态还需从电源吸收滞后的无功功率以建立磁通,与电动运行状态时情况一样。若把电机定子出线端从电源上断开而改接到电灯等用电器上,则有功功率可以送出给用电器,无功功率却不能由用电器提供,电动机不能建立磁通,也就不能运行。

8.16　六极绕线式三相异步电动机,定子绕组接在频率为 $f_1=50\,\mathrm{Hz}$ 的三相电源上,拖动着起重机吊钩提放重物。若运行于 $n=-1250\,\mathrm{r/min}$ 转速,在电源相序为正序或负序的两种情况下,分别回答下列问题:

(1) 气隙旋转磁通势的转速及转差率是多大?

（2）定、转子绕组感应电动势的频率是多大？相序如何？

（3）电磁转矩实际上是拖动性质的还是制动性质的？

（4）电动机处于什么运行状态？转子回路是否一定要串电阻？

（5）电磁功率实际传递方向如何？机械功率实际是输入还是输出？

答 如果电源相序为正序,则

（1）气隙旋转磁通势的转速为 1000 r/min,转差率为 2.25；

（2）定子感应电动势频率为 50 Hz,相序为正序；转子感应电动势频率为 112.5 Hz,相序为正序；

（3）电磁转矩实际上为制动性转矩；

（4）电动机处于倒拉反转运行状态,转子回路一定要串阻值较大的电阻；

（5）电磁功率实际是从转子传向定子,机械功率实际是从负载向电机输入。

如果电源相序为负序,则

（1）气隙旋转磁通势的转速为 $-$ 1000 r/min,转差率为 -0.25；

（2）定子感应电动势频率为 50 Hz,相序为负序；转子感应电动势频率为 12.5 Hz,相序为正序；

（3）电磁转矩实际上为制动性转矩；

（4）电动机处于反向回馈制动运行状态,根据电动机一般 $s_m < 0.2$ 的情况,运行在 $s = -0.25$ 时转子中串入了较小的电阻,从反向回馈制动运行下放重物本身来讲,可以不在转子回路串电阻,这时转速比较接近 $-n_1$；

（5）电磁功率实际是从转子传到定子,机械功率是从负载输入到电动机。

8.17 填写表 8.2 中的空格。

表　8.2

电源	转速 /(r·min⁻¹)	转差率	n_1 /(r·min⁻¹)	运 行 状 态	极数	P_1	P_m
正序	1450		1500			+	+
正序	1150				6		
正序		1.8	750				
	500			反接制动过程	10		
负序		0.05	500				
		−0.05		反向回馈制动运行	4		

答　在表中应填入空格的数据为

(1) 转差率 0.33，正向电动，极数为 4；

(2) 转差率 −0.15，n_1 为 1000，正向回馈制动，

　　　P_1 为 −，P_m 为 −；

(3) 转速为 −600，倒拉反转，极数为 8，

　　　P_1 为 +，P_m 为 −；

(4) 电源负序，转差率 1.83，n_1 为 600，

　　　P_1 为 +，P_m 为 −；

(5) 转速 −475，反向电动运行，极数为 12，

　　　P_1 为 +，P_m 为 +；

(6) 电源负序，转速为 −1575，n_1 为 1500，P_1 为 −，P_m 为 −。

8.18　填空。

(1) 拖动反抗性恒转矩负载运行于正向电动状态的三相异步电动机，对调其定子绕组任意两个出线端后，电动机的运行状态经

_____和_____,最后稳定运行于_____状态。

(2) 拖动位能性恒转矩负载运行于正向电动状态的三相异步电动机,进行能耗制动停车,当 $n=0$ 时,_____其他停车措施;若采用反接制动停车,当 $n=0$ 时,_____其他停车措施。

(3) 如果由绕线式三相异步电动机拖动一辆小车,走在平路上,电机为正向电动运行,走下坡路时,位能性负载转矩比摩擦性负载转矩大,由此可判断电动机运行在_____状态。

答 (1) 反接制动过程,反向启动,反向电动;

(2) 必须采用,必须采用;

(3) 正向回馈制动运行。

8.19 选择正确答案。

(1) 一台八极绕线式三相异步电动机拖动起重机的主钩,当提升某重物时,负载转矩 $T_L = T_N$,电动机转速为 $n_N = 710$ r/min。忽略传动机构的损耗。现要以相同的速度把该重物下放,可以采用的办法是_____。

A. 降低交流电动机电源电压

B. 切除交流电源,在定子绕组通入直流电流

C. 对调定子绕组任意两出线端

D. 转子绕组中串入三相对称电阻

(2) 一台绕线式三相异步电动机拖动起重机的主钩,若重物提升到一定高度以后需要停在空中,在不使用抱闸等装置使卷筒停转的情况下,可以采用的办法是_____。

A. 切断电动机电源

B. 在电动机转子回路中串入适当的三相对称电阻

C. 对调电动机定子任意两出线端

D. 降低电动机电源电压

答 (1)D;(2)B。

题解答

8.1 一台鼠笼式三相异步电动机技术数据为：$P_N = 320 \text{ kW}$，$U_N = 6000 \text{ V}$，$n_N = 740 \text{ r/min}$，$I_N = 40 \text{ A}$，Y接法，$\cos \varphi_N = 0.83$，$K_I = 5.04$，$K_T = 1.93$，$\lambda = 2.2$，试求：

(1) 直接启动时的启动电流与启动转矩；

(2) 把启动电流限定在 160 A 时，应串入定子回路每相电抗是多少？启动转矩是多大？

解 (1) 启动电流与启动转矩的计算。

$$I_S = K_I I_N = 5.04 \times 40 = 201.6 \text{ A}$$

$$T_N = 9550 \frac{P_N}{n_N} = 9550 \times \frac{320}{740} = 4130 \text{ N} \cdot \text{m}$$

$$T_S = K_T T_N = 1.93 \times 4130 = 7970 \text{ N} \cdot \text{m}$$

(2) 定子串入电抗器的计算。

$$Z_K = \frac{U_N}{\sqrt{3} I_S} = \frac{6000}{\sqrt{3} \times 201.6} = 17.2 \ \Omega$$

$$u = \frac{I'_S}{I_S} = \frac{160}{201.6} = 0.794$$

定子回路每相串入电抗

$$X = \frac{(1-u) Z_K}{u} = \frac{1 - 0.794}{0.794} \times 17.2 = 4.46 \ \Omega$$

串入电抗器后启动转矩

$$T'_S = u^2 T_S = 0.794^2 \times 7970 = 5025 \text{ N} \cdot \text{m}$$

8.2 一台鼠笼式三相异步电动机技术数据为：$P_N = 40 \text{ kW}$，$U_N = 380 \text{ V}$，$n_N = 2930 \text{ r/min}$，$\eta_N = 0.90$，$\cos \varphi_N = 0.85$，$K_I = 5.5$，$K_T = 1.2$，定子绕组△接法。供电变压器允许启动电流为 150 A 时，能否在下面情况下用Y-△启动方法启动：

(1) 负载转矩为 $0.25T_N$；

(2) 负载转矩为 $0.4T_N$。

解 先求 I_N 和 T_N：

$$I_N = \frac{P_N}{\sqrt{3}U_N \cos \varphi_N \eta_N}$$

$$= \frac{40 \times 10^3}{\sqrt{3} \times 380 \times 0.85 \times 0.90}$$

$$= 79.4 \text{ A}$$

$$T_N = 9550 \frac{P_N}{n_N} = 9550 \times \frac{40}{2930} = 130.4 \text{ N} \cdot \text{m}$$

Y-△启动时启动电流与转矩应为

$$I'_s = \frac{1}{3}I_s = \frac{1}{3} \times 5.5 \times 79.4 = 145.6 \text{ A}$$

小于允许启动电流

$$T'_s = \frac{1}{3}T_s = \frac{1}{3} \times 1.2 \times 130.4 = 52.2 \text{ N} \cdot \text{m}$$

(1) 负载转矩为 $0.25T_N$ 时，

$$0.25T_N = 32.6 \text{ N} \cdot \text{m} < T'_s$$

能启动。

(2) 负载转矩为 $0.4T_N$ 时，

$$0.4T_N = 52.4 \text{ N} \cdot \text{m} > T'_s$$

不能启动。

8.3 某鼠笼式三相异步电动机，$P_N = 300$ kW，定子Y接法，$U_N = 380$ V，$I_N = 527$ A，$n_N = 1475$ r/min，$K_I = 6.7$，$K_T = 1.5$，$\lambda = 2.5$。车间变电站允许最大冲击电流为 1800 A，生产机械要求启动转矩不小于 1000 N·m，试选择适当的启动方法。

解 直接启动时启动电流和启动转矩分别为

$$I_s = K_I I_N = 6.7 \times 527 = 3531 \text{ A}$$

$$T_S = K_T T_N = 1.5 \times 9550 \times \frac{300}{1475} = 2914 \text{ N} \cdot \text{m}$$

(1) 定子串入电抗器启动时,

$$u = \frac{1800}{3531} = 0.51$$

$$T'_S = u^2 T_S = 0.51^2 \times 2914 = 757.2 \text{ N} \cdot \text{m}$$

T'_S 达不到要求,不行。

(2) 不能用Y-△启动,绕组不是△接法。

(3) 对于自耦变压器启动时,

$$u^2 = \frac{1800}{3531} = 0.51$$

$$T'_S = u^2 T_S = 0.51 \times 2914 = 1486 \text{ N} \cdot \text{m}$$

$$T'_S > 1000 \text{ N} \cdot \text{m}$$

故可以采用。

由于

$$u = \sqrt{0.51} = 0.714$$

试选 64%抽头验算。64%抽头实际启动电流为

$$I'_S = 0.64^2 I_S = 1446 \text{ A} < 1800 \text{ A}$$

64%抽头实际启动转矩为

$$T'_S = 0.64^2 T_S = 1194 \text{ N} \cdot \text{m} > 1000 \text{ N} \cdot \text{m}$$

方案可行,即可选用 QJ2 型自耦变压器用 64%抽头启动。

8.4 一台绕线式异步电动机 $P_N = 30$ kW,$U_{1N} = 380$ V,$I_{1N} = 71.6$ A,$n_N = 725$ r/min,$E_{2N} = 257$ V,$I_{2N} = 74.3$ A,$\lambda = 2.2$。拖动负载启动,$T_L = 0.75 T_N$。若用转子串入电阻四级启动,$\frac{T_1}{T_N} = 1.8$,求各级启动电阻?

解 额定转差率

$$s_N = \frac{n_1 - n_N}{n_1} = \frac{750 - 725}{750} = 0.033$$

启动转矩比

$$\alpha = \sqrt[4]{\frac{T_N}{s_N T_1}} = \sqrt[4]{\frac{T_N}{0.033 \times 1.8 T_N}} = 2.02$$

切换转矩

$$T_2 = \frac{T_1}{\alpha} = \frac{1.8 T_N}{2.02} = 0.891 T_N$$

$$1.1 T_L = 1.1 \times 0.75 T_N = 0.825 T_N$$

$$T_2 > 1.1 T_L,合适$$

转子每相电阻

$$R_2 = \frac{s_N E_{2N}}{\sqrt{3} I_{2N}} = \frac{0.033 \times 257}{\sqrt{3} \times 74.3} = 0.067\ \Omega$$

各级启动时转子回路总电阻

$$R_A = \alpha R_2 = 2.02 \times 0.067 = 0.135\ \Omega$$

$$R_B = \alpha^2 R_2 = 2.02^2 \times 0.067 = 0.273\ \Omega$$

$$R_C = \alpha^3 R_2 = 2.02^3 \times 0.067 = 0.552\ \Omega$$

$$R_D = \alpha^4 R_2 = 2.02^4 \times 0.067 = 1.116\ \Omega$$

各级启动时转子回路串入电阻

$$R' = R_A - R_2 = 0.135 - 0.067 = 0.068\ \Omega$$

$$R'' = R_B - R_A = 0.273 - 0.135 = 0.138\ \Omega$$

$$R''' = R_C - R_B = 0.552 - 0.273 = 0.279\ \Omega$$

$$R'''' = R_D - R_C = 1.116 - 0.552 = 0.564\ \Omega$$

8.5 一台绕线式三相异步电动机,定子绕组Y接法,四极,其额定数据如下:$f_1 = 50$ Hz,$P_N = 150$ kW,$U_N = 380$ V,$n_N = 1455$ r/min,$\lambda = 2.6$,$E_{2N} = 213$ V,$I_{2N} = 420$A。

(1) 求启动转矩;

(2) 欲使启动转矩增大一倍,转子每相应串入多大电阻?

解 (1)启动转矩

$$s_N = \frac{1500 - 1455}{1500} = 0.03$$

$$s_{\mathrm{m}} = s_{\mathrm{N}}(\lambda + \sqrt{\lambda^2 - 1})$$
$$= 0.03 \times (2.6 + \sqrt{2.6^2 - 1})$$
$$= 0.15$$

$$T_{\mathrm{N}} = 9550 \frac{P_{\mathrm{N}}}{n_{\mathrm{N}}} = 9550 \times \frac{150}{1455} = 984.5 \text{ N} \cdot \text{m}$$

$$T_{\mathrm{s}} = \frac{2\lambda T_{\mathrm{N}}}{\frac{1}{s_{\mathrm{m}}} + s_{\mathrm{m}}} = \frac{2 \times 2.6 \times 984.5}{\frac{1}{0.15} + 0.15} = 751 \text{ N} \cdot \text{m}$$

(2) 增大启动转矩转子每相串入电阻计算

串入电阻后启动转矩

$$T'_{\mathrm{s}} = \frac{2\lambda T_{\mathrm{N}}}{\frac{1}{s'_{\mathrm{m}}} + s'_{\mathrm{m}}} = 2T_{\mathrm{s}}$$

代入数据得

$$\frac{2 \times 2.6 \times 984.5}{\frac{1}{s'_{\mathrm{m}}} + s'_{\mathrm{m}}} = 2 \times 751$$

串入电阻后机械特性临界转差率解出为

$$s'_{\mathrm{m}} = 0.325(\text{或} 3.09)$$

转子每相电阻

$$R_2 = \frac{s_{\mathrm{N}} E_{2\mathrm{N}}}{\sqrt{3} I_{2\mathrm{N}}} = \frac{0.03 \times 213}{\sqrt{3} \times 420} = 0.0088 \ \Omega$$

转子每相应串入电阻为 R，则

$$\frac{R_2 + R}{R_2} = \frac{s'_{\mathrm{m}}}{s_{\mathrm{m}}}$$

代入数据得

$$\frac{0.0088 + R}{0.0088} = \frac{0.325}{0.15}$$

解得

$$R = 0.01 \ \Omega$$

8.6 某绕线式异步电动机的数据为：$P_N = 5 \ kW, n_N = 960 \ r/min, U_{1N} = 380 \ V, I_{1N} = 14.9 \ A, E_{2N} = 164 \ V, I_{2N} = 20.6 \ A$，定子绕组Y接法，$\lambda = 2.3$。拖动 $T_L = 0.75 T_N$ 恒转矩负载，要求制动停车时最大转矩为 $1.8 T_N$。现采用反接制动，求每相串入的制动电阻值。

解 额定转差率

$$s_N = \frac{n_1 - n_N}{n_1} = \frac{1000 - 960}{1000} = 0.04$$

临界转差率

$$s_m = s_N(\lambda + \sqrt{\lambda^2 - 1})$$
$$= 0.04 \times (2.3 + \sqrt{2.3^2 - 1})$$
$$= 0.1748$$

转子每相电阻

$$R_2 = \frac{s_N E_{2N}}{\sqrt{3} I_{2N}} = \frac{0.04 \times 164}{\sqrt{3} \times 20.6} = 0.184 \ \Omega$$

负载运行时的转差率 s 计算，由

$$T = T_L = \frac{2\lambda T_N}{\dfrac{s}{s_m} + \dfrac{s_m}{s}}$$

得

$$0.75 T_N = \frac{2 \times 2.3 T_N}{\dfrac{s}{0.1748} + \dfrac{0.1748}{s}}$$

$$s = 0.0293$$

反接制动时转差率

$$s' = 2 - s = 1.9707$$

反接制动转子串入电阻时临界转差率

$$s'_m = s \left[\frac{\lambda T_N}{T} + \sqrt{\left(\frac{\lambda T_N}{T} \right)^2 - 1} \right]$$

$$= 1.9707 \times \left[\frac{2.3 T_N}{1.8 T_N} + \sqrt{\left(\frac{2.3 T_N}{1.8 T_N} \right)^2 - 1} \right]$$

$$= 4.086$$

(另一解 $s'_m = 1.256$,串入转子回路电阻较小,频繁启动时串入较大电阻为好,因此不取该数计算)

反接制动每相转子串入的电阻

$$R = \left(\frac{s'_m}{s_m} - 1 \right) R_2 = \left(\frac{4.086}{0.1748} - 1 \right) \times 0.184 = 4.12 \ \Omega$$

8.7 某绕线式三相异步电动机,技术数据为: $P_N = 60 \ \text{kW}$, $n_N = 960 \ \text{r/min}$, $E_{2N} = 200 \ \text{V}$, $I_{2N} = 195 \ \text{A}$, $\lambda = 2.5$。其拖动起重机主钩,当提升重物时电动机负载转矩 $T_L = 530 \ \text{N} \cdot \text{m}$。

(1) 电动机工作在固有机械特性上提升该重物时,求电动机的转速。

(2) 不考虑提升机构传动损耗,如果改变电源相序,下放该重物,下放速度是多少?

(3) 若使下放速度为 $n = -280 \ \text{r/min}$,不改变电源相序,转子回路应串入多大电阻?

(4) 若在电动机不断电的条件下,欲使重物停在空中,应如何处理? 并做定量计算。

(5) 如果改变电源相序在反向回馈制动状态下放同一重物,转子回路每相串接电阻为 $0.06 \ \Omega$,求下放重物时电动机的转速。

解 根据已知,可求得以下数据:

$$s_N = \frac{1000 - 960}{1000} = 0.04$$

$$T_N = 9550 \frac{P_N}{n_N} = 9550 \times \frac{60}{960} = 596.9 \ \text{N} \cdot \text{m}$$

$$R_2 = \frac{s_N E_{2N}}{\sqrt{3} I_{2N}} = \frac{0.04 \times 200}{\sqrt{3} \times 195} = 0.024 \ \Omega$$

$$s_m = s_N(\lambda + \sqrt{\lambda^2 - 1})$$

$$= 0.04 \times (2.5 + \sqrt{2.5^2 - 1})$$

$$= 0.192$$

（1）电动机在固有机械特性上提升重物计算。

$$T = \frac{2\lambda T_N}{\dfrac{s_A}{s_m} + \dfrac{s_m}{s_A}}$$

$$530 = \frac{2 \times 2.5 \times 596.9}{\dfrac{s_A}{0.192} + \dfrac{0.192}{s_A}}$$

解得

$$s_A = 0.035 \, (另一解 1.04 不合理，舍去)$$

电机转速

$$n_A = n_1 - s_A n_1 = 965 \text{ r/min}$$

（2）改变电源相序下放重物计算。

传动机构损耗忽略不计，机械特性具有对称性，电动机运行于反向发电回馈制动状态，转差率

$$s_B = -s_A = -0.035$$

$$n_B = -(n_1 - s_B n_1) = -1035 \text{ r/min}$$

（3）$n_C = -280$ r/min 时转子串入电阻计算。此时电动机运行于倒拉反转运行，则有

$$s_C = \frac{n_1 - n_C}{n_1} = \frac{1000 + 280}{1000} = 1.28$$

$$\frac{s_C}{s_A} = \frac{R_2 + R_C}{R_2}$$

转子回路串入电阻

$$R_C = \frac{s_C}{s_A} R_2 - R_2 = \frac{1.28}{0.035} \times 0.024 - 0.024 = 0.854 \ \Omega$$

（4）重物停在空中时的计算。

电源不断电，只有改变转子回路串入的电阻值，使其运行于 $n_E = 0$ 点，此时转差率

$$s_E = 1$$

转子回路串入电阻为 R_E，则

$$\frac{s_E}{s_A} = \frac{R_2 + R_E}{R_2}$$

$$R_E = \frac{s_E}{s_A} R_2 - R_2$$

$$= \frac{1}{0.035} \times 0.024 - 0.024$$

$$= 0.662 \ \Omega$$

（5）反向回馈状态转子串入电阻时计算。

$$\frac{s_F}{s_B} = \frac{R_2 + R_F}{R_2}$$

电动机运行转差率

$$s_F = \frac{R_2 + R_F}{R_2} s_B$$

$$= \frac{0.024 + 0.06}{0.024} \times (-0.035)$$

$$= -0.1225$$

得电机转速

$$n_F = -(n_1 - s_F n_1) = -(1000 + 0.1225 \times 1000)$$

$$= -1122.5 \ \text{r/min}$$

第 9 章

同步电动机

重点与难点

1. 隐极同步电动机电压平衡方程式及电动势相量图。

2. 凸极同步电动机的双反应原理：电枢电流 $\dot{I} = \dot{I}_d + \dot{I}_q$，$\dot{I}_d$ 产生磁通势 $\dot{F}_{ad}$，$\dot{I}_q$ 产生磁通势 $\dot{F}_{aq}$，且 $\dot{F}_a = \dot{F}_{ad} + \dot{F}_{aq}$。

3. 凸极同步电动机的电压平衡方程式及电动势相量图。

4. 同步电动机电磁功率表达式

$$P_M = \frac{3E_0 U}{X_d}\sin\theta + \frac{3U^2(X_d - X_q)}{2X_d X_q}\sin 2\theta$$

即电磁功率包括励磁电磁功率和凸极电磁功率，隐极机只有第一项，凸极机有两项，第二项要比第一项小得多。功角特性也是重点。

5. 同步电动机的电磁转矩 $T = \dfrac{P_M}{\Omega}$，矩角特性，隐极机有励磁电磁转矩，凸极机及凸极电磁转矩。

6. 功率角 θ 的双重含义：是电动势 $\dot{E}_0$ 与电压 $\dot{U}$ 之间的电角度，是时间电角度；又是励磁磁通势 $\dot{F}_0$ 与合成磁通势 $\dot{R}$ 之间的空间角，是空间电角度。功率角非常重要，同步电动机电磁功率、电磁转矩都与 θ 有关。隐极电动机额定运行的 $\theta_N \leqslant 30°$，凸极机还要小。

隐极电动机的过载倍数 $\lambda = \dfrac{1}{\sin\theta_{\mathrm{N}}}$，稳定运行的条件是 $\theta < 90°$。

7. 同步电动机运行时，可以通过改变励磁电流大小来改变电动机的功率因数。对电网而言，电动机正常励磁时，定子电流与电压同相位，是个纯电阻负载；欠励时，电流落后于电压，是电阻电感性负载；过励时，电流领先电压，是电阻电容性负载。电网上的负载主要是电阻电感性的，为了改善电网的功率因数，同步电动机应运行在过励状态。这是重点中的重点。

8. 同步电动机的 U 形曲线。

9. 同步电动机的异步启动。

思考题解答

9.1 何种电动机为同步电动机？

答 电动机转速恒为同步转速的电动机为同步电动机。

9.2 同步电动机电源频率为 50 Hz 和 60 Hz 时，10 极同步电动机同步转速是多少？18 极同步电动机同步转速是多少？

答 同步电动机同步转速 $n_1 = \dfrac{60f}{p}$，若 $f = 50$ Hz，则

10 极的同步转速为 600 r/min，

18 极的同步转速为 333 r/min；

若 $f = 60$ Hz，则

10 极的同步转速为 720 r/min，

18 极的同步转速为 400 r/min。

9.3 请画出 $\cos\varphi = 1$（纯电阻性）时凸极同步电动机的电动势相量图。

答 电动势相量图如图 9.1 所示。

9.4 在凸极电动机中为什么要把电枢反应磁通势分成纵轴

和横轴两个分量?

答 把电枢反应磁通势 $\dot{F}_a$ 看作纵轴分量 $\dot{F}_{ad}$ 和横轴分量 $\dot{F}_{aq}$,该两个分量分别单独在主磁路产生磁通,其结果与 $\dot{F}_a$ 产生磁通的作用是一样的。由于凸极同步电动机气隙不均匀,很难从 $\dot{F}_a$ 找到其产生的磁通,分别从纵轴和横轴具体的磁路进行电磁关系分析则相对容易一些,因此这种双反应原理的方法使分析简单易行。

9.5 已知一台同步电动机电动势 E_0、电流 I、参数 X_d 和 X_q,画出 $\dot{I}$ 落后于 $\dot{E}_0$ 的相位角为 ψ 时的电动势相量图。

答 电动势相量图如图 9.2 所示。

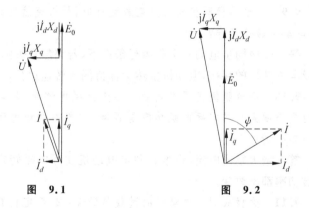

图 9.1   图 9.2

9.6 同步电动机功率角 θ 是什么角?

答 同步电动机功率角 θ 是电源电压 $\dot{U}$ 与励磁磁通在定子绕组上产生的感应电动势 $\dot{E}_0$ 之间的相位差角。

9.7 隐极同步电动机电磁功率与功率角有什么关系?电磁转矩与功率角有什么关系?

答 电磁功率 P_M、电磁转矩 T 与功率角 θ 的关系为

$$P_M = \frac{3E_0U}{X_c}\sin\theta$$

$$T = \frac{3E_0U}{\Omega X_c}\sin\theta$$

9.8 一台凸极同步电动机转子若不加励磁电流,它的功率角特性和矩角特性如何?

答 若不加励磁,则励磁电磁功率和励磁电磁转矩不存在,只剩下由凸极电磁功率和电磁转矩,分别为

$$P_M = \frac{3U^2(X_d - X_q)}{2X_dX_q}\sin 2\theta$$

$$T = \frac{3U^2(X_d - X_q)}{2\Omega X_dX_q}\sin 2\theta$$

9.9 一台凸极同步电动机空载运行时,如果突然失去励磁电流,电动机转速怎样?

答 凸极同步电动机空载运行条件下,若突然失去励磁,由于凸极电磁转矩的存在,电动机依然会保持同步转速运行。

9.10 一台隐极式同步电动机增大励磁电流时,其实际电磁转矩是否增大? 其实际电磁功率是否增大(忽略绕组电阻和漏电抗的影响)?

答 增大励磁电流,隐极式同步电动机实际电磁转矩及实际电磁功率都不改变。

9.11 隐极式同步电动机的过载倍数 $\lambda=2$,额定负载运行时功率角 θ 为多大?

答 过载倍数

$$\lambda = \frac{T_m}{T_N} = \frac{\sin 90°}{\sin \theta_N} = \frac{1}{\sin \theta_N}$$

额定运行时的功率角 θ_N,满足

$$\sin \theta_N = \frac{1}{\lambda} = 0.5$$

由此得

$$\theta_N = 30°$$

9.12 同步电动机的 U 形曲线指的是什么?

答 U 形曲线指同步电动机正常运行时,定子电流大小与励磁电流大小的关系,用曲线表示出来形状像"U"字。

9.13 一台拖动恒转矩负载运行的同步电动机,忽略定子电阻,当功率因数为领先性的情况下,若减小励磁电流,电枢电流怎样变化? 功率因数又怎样变化?

答 减小励磁电流时,电枢电流开始会随之减小,到某一数值后,又随之增大,即先减小后增大。功率因数从领先性的逐渐变成滞后性的,数值表现为先增大到1,再减小。

9.14 同步电动机运行时,要想增加其吸收的滞后性无功功率,该怎样调节?

答 减小励磁电流,但要注意不能失去同步。

习 题解答

9.1 已知一台隐极式同步电动机的端电压标幺值 $\underline{U}=1$,电流标幺值 $\underline{I}=1$,同步电抗标幺值 $\underline{X}_c=1$ 和功率因数 $\cos\varphi=\dfrac{\sqrt{3}}{2}$(领先性),忽略定子电阻。

(1) 画出电动势相量图;

(2) 求 $\underline{E}_0$;

(3) 求 θ。

解 (1) 电动势相量图如图 9.3 所示。

(2) 计算空载电动势 $\underline{E}_0$。由

$$\cos\varphi = \frac{\sqrt{3}}{2}(领先性), \quad \varphi = 30°$$

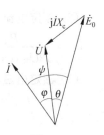

图 9.3

得

$$\begin{aligned}
\underline{E}_0 &= \sqrt{(\underline{U}\sin\varphi + \underline{I}\,\underline{X}_c)^2 + (\underline{U}\cos\varphi)^2} \\
&= \sqrt{(\sin 30° + 1)^2 + 3/4} \\
&= 1.732
\end{aligned}$$

（3）由

$$\tan\psi = \frac{\underline{U}\sin\varphi + \underline{I}\,\underline{X}_c}{\underline{U}\cos\varphi} = \frac{\sin 30° + 1}{\cos 30°} = 1.732$$

$$\psi = 60°$$

得

$$\theta = \psi - \varphi = 30°$$

9.2 已知一台三相十极同步电动机的数据为：额定容量 $P_N = 3000\text{ kW}$，额定电压 $U_N = 6000\text{ V}$，额定功率因数 $\cos\varphi_N = 0.8$（领先性），额定效率 $\eta_N = 0.96$，定子每相电阻 $R_1 = 0.21\ \Omega$，定子绕组 Y 接法。求：

（1）额定运行时定子输入的功率；

（2）额定电流 I_N；

（3）额定电磁功率 P_M；

（4）额定电磁转矩 T_N。

解 （1）额定运行时定子输入的功率

$$P_1 = \frac{P_N}{\eta_N} = \frac{3000}{0.96} = 3125\text{ kW}$$

（2）额定电流

$$I_N = \frac{P_N}{\sqrt{3}U_N\cos\varphi_N\eta_N} = \frac{3000 \times 10^3}{\sqrt{3} \times 6000 \times 0.8 \times 0.96} = 375.9\text{ A}$$

（3）额定电磁功率

$$\begin{aligned}
P_M &= P_1 - p_{Cu} = P_1 - 3I_N^2 R_1 \\
&= 3125 - 3 \times 375.9^2 \times 0.21 \times 10^{-3} \\
&= 3036\text{ kW}
\end{aligned}$$

（4）额定电磁转矩

$$T_N = \frac{P_M}{\Omega} = 9550 \times \frac{3036}{600} = 48\,320\ \text{N}\cdot\text{m}$$

（10 极同步转速 600 r/min）

9.3 已知一台隐极式同步电动机的数据为：额定电压 $U_N = 400\ \text{V}$，额定电流 $I_N = 23\ \text{A}$，额定功率因数 $\cos\varphi_N = 0.8$（领先性），定子绕组为丫接法，同步电抗 $X_c = 10.4\ \Omega$，忽略定子电阻。当这台电机在额定运行，且功率因数为 $\cos\varphi_N = 0.8$（领先性）时，求：

（1）空载电动势 E_0；

（2）功率角 θ_N；

（3）电磁功率 P_M；

（4）过载倍数 λ。

解
$$\cos\varphi_N = 0.8（领先性）$$
$$\varphi_N = 36.9°$$

（1）空载电动势相值

$$E_0 = \sqrt{(U_N\sin\varphi_N + I_N X_c)^2 + (U_N\cos\varphi_N)^2}$$
$$= \sqrt{(400/\sqrt{3} \times \sin 36.9° + 23 \times 10.4)^2 + (400/\sqrt{3} \times 0.8)^2}$$
$$= 420.5\ \text{V}$$

（2）功率角，由

$$\tan\psi = \frac{U_N\sin\varphi_N + I_N X_c}{U_N\cos\varphi_N}$$
$$= \frac{400/\sqrt{3} \times \sin 36.9° + 23 \times 10.4}{400/\sqrt{3} \times 0.8}$$
$$= 2.04$$

得

$$\psi = 63.9°$$
$$\theta_N = \psi - \varphi_N = 27°$$

（3）电磁功率

$$P_M = \frac{3U_N E_0}{X_c} \sin\theta_N$$

$$= \frac{3 \times 400/\sqrt{3} \times 420.5}{10.4} \times \sin 27°$$

$$= 12\ 717\ \text{W}$$

（4）过载倍数

$$\lambda = \frac{1}{\sin\theta_N} = \frac{1}{\sin 27°} = 2.2$$

9.4 一台三相隐极式同步电动机,定子绕组为Y接法,额定电压为 380 V,已知电磁功率 $P_M = 15\ \text{kW}$ 时对应的 $E_0 = 250\ \text{V}$（相值）,同步电抗 $X_c = 5.1\ \Omega$,忽略定子电阻。求:

（1）功率角 θ 的大小;

（2）最大电磁功率。

解 （1）功率角计算。由

$$P_M = \frac{3U_N E_0}{X_c} \sin\theta$$

$$= \frac{3 \times 380/\sqrt{3} \times 250}{5.1} \times \sin\theta$$

$$= 15 \times 10^3$$

得

$$\sin\theta = 0.464$$

即

$$\theta = 27.6°$$

（2）最大电磁功率

$$P_{Mm} = \frac{3U_N E_0}{X_c} = \frac{3 \times 380/\sqrt{3} \times 250}{5.1} = 32\ 353\ \text{W}$$

9.5 一台三相凸极式同步电动机定子绕组为Y接法,额定电压为 380 V,纵轴同步电抗 $X_d = 6.06\ \Omega$,横轴同步电抗 $X_q = 3.43\ \Omega$。

运行时电动势 $E_0 = 250$ V (相值), $\theta = 28°$ (领先性), 求电磁功率 P_M。

解
$$P_M = \frac{3E_0 U}{X_d} \sin\theta + \frac{3U^2 (X_d - X_q)}{2X_d X_q} \sin 2\theta$$

$$= \frac{3 \times 250 \times 380/\sqrt{3}}{6.06} \times \sin 28°$$

$$+ \frac{3 \times (380/\sqrt{3})^2 \times (6.06 - 3.43)}{2 \times 6.06 \times 3.43} \times \sin 56°$$

$$= 20\ 398 \text{ W}$$

CHAPTER 10

三相交流电动机调速

重点与难点

1. 鼠笼式三相异步电动机变频调速方法,从基频向下变频调速,保持$\dfrac{E_1}{f_1}$=常数,是恒磁通调速,属于恒转矩调速方式,机械特性随频率下降而平行下移,调速范围大、稳定性好,无级调速,效率高。保持$\dfrac{U_1}{f_1}$=常数时,机械特性略差。从基频向上变频调速,电压不变,属弱磁通升速,恒功率调速方式。异步电动机变频调速具有调速范围大、稳定性好、效率高、连续可调等优点,可与直流电动机相比。

2. 掌握教材例题 10-1。

3. 绕线式三相异步电动机转子回路串入电阻调速是恒转矩调速方式,调速范围不大、效率不高、有级调速。见教材例题 10-2。

4. 绕线式三相异步电动机双馈调速及串级调速是难点,只要求定性了解。

5. 同步电动机调速是难点不是重点,只要求定性了解。

6. 思考题和习题体现了本章重点内容及其深度。

 考题解答

10.1 三相异步电动机拖动额定恒转矩负载时,若保持电源电压不变,将频率升高到额定频率的 1.5 倍实现高速运行,如果机械强度允许的话,可行吗? 为什么? 若拖动额定恒功率负载,采用同样的办法可行吗? 为什么?

答 三相异步电动机拖动额定恒转矩负载时,保持电压不变、升频升速不能长期运行。因为升频时,例如升到 1.5 倍的额定频率,每极磁通就降为 $\dfrac{1}{1.5}$ 倍频定值,而在额定恒转矩的条件下,转子电流及定子电流将增大很多,可以用转矩公式表示为

$$T = C_{\mathrm{Tj}} \varPhi_1 I_2 \cos \varphi_2 = 常数$$

在额定转矩下,$\cos \varphi_2$ 较高,升频后 $\cos \varphi_2$ 略下降一些,$\varPhi_1$ 也减小,因此转子电流 I_2 将增大到额定值的 1.5 倍以上,相应地,定子电流 I_1 也增大很多。因此即使机械强度足够,绝缘也会因电机发热过多而烧毁。

而拖动额定恒功率负载时,升频调速近似属于恒功率调速,只要机械强度允许,电机电流基本为额定值不变,就可以长期运行。

10.2 填空。

(1) 拖动恒转矩负载的三相异步电动机,采用保持 $E_1 / f_1 =$ 常数控制方式时,降低频率后电动机过载倍数_____,电动机电流_____,电动机 Δn_____。

(2) 一台空载运行的三相异步电动机,当略微降低电源频率而保持电源电压大小不变时,电动机的励磁电流_____,电动机转速_____。

(3) 变频调速的异步电动机,在基频以上调速,应使 U_1_____,近似属于_____调速方式。

(4) 若拖动恒转矩负载的三相异步电动机保持 $\dfrac{E_1}{f_1}=$ 常数,当 $f_1=50\ \text{Hz}$ 时,$n=2900\ \text{r/min}$。若频率降低到 $f_1=40\ \text{Hz}$ 时,则电动机转速为 _____ r/min。

答 (1) 不变,不变,不变;

(2) 加大,降低;

(3) 不变,恒功率;

(4) 2300。

10.3 绕线式三相异步电动机转子回路串入电抗器能否起调速作用? 为什么不采用串入电抗器的调速方法。

答 绕线式三相异步电动机转子串电抗能起调速作用,例如拖动恒转矩负载运行时,转子回路串入电抗器,异步电动机会降低转速。但实际上转子回路不采用串电抗的调速方法,原因有二:(1)转子串电抗调速时,电动机的最大电磁转矩减小,过载倍数下降;(2)转子回路串入电抗,会使功率因数 $\cos\varphi_2$ 以及 $\cos\varphi_1$ 降低。

10.4 定性分析绕线式异步电动机转子回路突然串入电阻后降速的电磁过程,假设拖动的负载是恒转矩负载。

答 拖动恒转矩负载运行时的转速为 n_A,电磁转矩为 T_A,负载转矩为 T_L,$T_A=T_L$。当转子突然串入电阻时,转速不能突变,这个瞬间,(1)转子回路总电阻增大,电动机机械特性变成最大转矩不变,而临界转差率 s_m 加大的一条新的特性曲线。因为 n_A 不变,电磁转矩减小为 T_B。(2)$T_B<T_L$,出现动转矩,电动机开始减速。在减速过程中,转速下降,电磁转矩增大,逐渐增大到 $T_C=T_L$,动转矩为零后,就不再减速而稳定,稳定后转速为 n_C,而 $n_C<n_A$。

10.5 绕线式三相异步电动机拖动恒转矩负载运行,当转子回路串入不同电阻时,电动机转速不同,转子的功率因数及电流是否变化? 定子边的电流及功率因数是否变化?

答　转子回路串入不同的电阻值,拖动恒转矩负载运行的绕线式异步电动机,其转子电流及功率因数不变,定子电流及功率因数也不变,属于恒转矩调速。

10.6　选择正确答案。

(1) 三相绕线式异步电动机拖动恒转矩负载运行时,若转子回路串入电阻调速,那么运行在不同的转速上,电动机的 $\cos\varphi_2$ _____。

A. 转速越低,$\cos\varphi_2$ 越高

B. 基本不变

C. 转速越低,$\cos\varphi_2$ 越低

(2) 绕线式三相异步电动机,拖动恒转矩负载运行,若采取转子回路串入对称电抗器方法进行调速,那么与转子回路串入电阻调速相比,串入电抗器后,则 _____。

A. 不能调速

B. 有完全相同的调速效果

C. 串入电抗器,电动机转速升高

D. 串入电抗器,转速降低,但同时功率因数也降低

答　(1)B;(2)D。

10.7　图 10.1 所示为电机型串级调速系统示意图,他励直流电动机 M 产生直流电动势串入绕线式异步电动机 M 转子回路中,交流电机 G 与 M 同轴。试分析该调速系统的功率流程图。

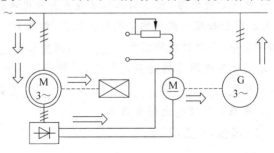

图　10.1

答 功率流程图如图 10.2 所示。其中,p_{JF} 为交流发电机损耗,p_{ZD} 是直流电动机的损耗。

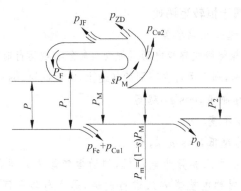

图　10.2

10.8 填空。

(1) 一台三相绕线式异步电动机拖动恒转矩负载运行,增大转子回路串入的电阻,电动机的转速_____,过载倍数_____,电流_____。

(2) 三相绕线式异步电动机带恒转矩负载运行,电磁功率 $P_M = 10\ kW$,当转子串入电阻调速运行在转差率 $s = 0.4$ 时,电机转子回路总铜耗 $p_{Cu2} =$ _____ kW,机械功率 $P_m =$ _____ kW。

(3) 一台定子绕组为 Y 接法的三相鼠笼式异步电动机,如果把图 10.3 所示定子每相绕组中的半相绕组反向,如图 10.4 所示,通入三相对称电流,则电动机的极数_____,同步转速_____。

(4) 晶闸管串级调速的异步电动机,其转子回路中转差功率的主要部分通过_____和_____以及_____装置,回馈到_____。理想空载转速比同步转速_____。

答 (1) 降低,不变,不变;

(2) 4,6;

（3）增加一倍,减少一半;

（4）整流桥,逆变桥,变压器,电源,低。

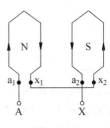 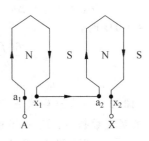

图　10.3　　　　　　　　　　图　10.4

 题解答

10.1　一台鼠笼式三相异步电动机 $P_N = 75\ kW, U_N = 380\ V$, $n_N = 980\ r/min, \lambda = 2.15$。采用变频调速时,若调速范围 $D = 1.44$, 计算:

（1）最大静差率;

（2）f_1 分别为 40 Hz 和 30 Hz,且 $T_L = T_N$ 时的电动机转速。

解　　　$\Delta n_N = n_0 - n_N = 1000 - 980 = 20\ r/min$

（1）调速范围 $D = 1.44$ 时,最低转速与同步转速分别为

$$n_{min} = \frac{n_N}{D} = \frac{980}{1.44} = 680\ r/min$$

$$n_{1min} = n_{min} + \Delta n_N = 700\ r/min$$

故最大静差率

$$\delta = \frac{n_{1min} - n_{min}}{n_{1min}} = \frac{700 - 680}{700} = 0.029$$

（2）f_1 为 40 Hz、30 Hz 时的转速。

$f_1 = 40\ Hz$ 时,

$$n_{1A} = \frac{60 f_1}{p} = \frac{60 \times 40}{3} = 800 \text{ r/min}$$

$$n_A = n_{1A} - \Delta n_N = 800 - 20 = 780 \text{ r/min}$$

$f_1 = 30$ Hz 时，

$$n_{1B} = \frac{60 f_1}{p} = 600 \text{ r/min}$$

$$n_B = n_{1B} - \Delta n_N = 580 \text{ r/min}$$

10.2 一台绕线式三相异步电动机拖动一台桥式起重机主钩，其额定数据为：$P_N = 60$ kW，$n_N = 577$ r/min，$I_N = 133$ A，$I_{2N} = 160$ A，$E_{2N} = 253$ V，$\lambda = 2.9$，$\cos \varphi_N = 0.77$，$\eta_N = 0.89$。

(1) 设电动机转子转动 35.4 转时，主钩上升 1 m，如要求带额定负载时，重物以 8 m/min 的速度上升，求电动机转子电路每相串入的电阻值；

(2) 为消除启动时起重机各机构齿轮间的间隙所引起的机械冲击，转子电路备有预备级电阻。设计时如要求转子串接预备级电阻后，电动机启动转矩为额定转矩的 40%，求预备级电阻值。

解 (1) 提升重物计算。

$$n_A = 8 \times 35.4 = 283.2 \text{ r/min}$$

$$s_A = \frac{n_1 - n_A}{n_1} = \frac{600 - 283.2}{600} = 0.528$$

$$s_N = \frac{n_1 - n_N}{n_1} = \frac{600 - 577}{600} = 0.038$$

$$R_2 = \frac{s_N E_{2N}}{\sqrt{3} I_{2N}} = \frac{0.038 \times 253}{\sqrt{3} \times 160} = 0.035 \ \Omega$$

设转子串入电阻为 R_A，则由

$$\frac{R_2 + R_A}{R_2} = \frac{s_A}{s_N}$$

得

$$R_A = \frac{s_A}{s_N} R_2 - R_2 = \frac{0.528}{0.038} \times 0.035 - 0.035 = 0.451 \ \Omega$$

（2）预备级电阻值 R_B 的计算

$$s_m = s_N(\lambda + \sqrt{\lambda^2 - 1})$$
$$= 0.038 \times (2.9 + \sqrt{2.9^2 - 1})$$
$$= 0.214$$

$$T_S = \frac{2\lambda T_N}{\dfrac{1}{s_{mB}} + s_{mB}}$$

$$0.4T_N = \frac{2 \times 2.9 T_N}{\dfrac{1}{s_{mB}} + s_{mB}}$$

解得
$$s_{mB} = 14.43$$

再由
$$\frac{R_2 + R_B}{R_2} = \frac{s_{mB}}{s_m}$$

得
$$R_B = \frac{s_{mB}}{s_m}R_2 - R_2 = \frac{14.43}{0.214} \times 0.035 - 0.035 = 2.33\ \Omega$$

10.3 一台绕线式三相异步电动机额定数据为：$P_N = 75\ kW$，$U_N = 380\ V$，$n_N = 976\ r/min$，$\lambda = 2.05$，$E_{2N} = 238\ V$，$I_{2N} = 210\ A$。转子回路每相可以串入电阻为 $0.05\ \Omega$，$0.1\ \Omega$ 和 $0.2\ \Omega$，求转子串入电阻调速时：

（1）拖动恒转矩负载 $T_L = T_N$ 时的各挡转速；

（2）调速范围；

（3）最大静差率；

（4）对比习题10.1，相同调速范围时静差率的不同。

解 $s_N = \dfrac{n_1 - n_N}{n_1} = \dfrac{1000 - 976}{1000} = 0.024$

$$R_2 = \frac{s_N E_{2N}}{\sqrt{3} I_{2N}} = \frac{0.024 \times 238}{\sqrt{3} \times 210} = 0.016\ \Omega$$

$$s_m = s_N(\lambda + \sqrt{\lambda^2 - 1})$$
$$= 0.024 \times (2.05 + \sqrt{2.05^2 - 1})$$
$$= 0.092$$

（1）转子串入各挡电阻时的转速。

串入 $0.05\ \Omega$ 电阻时

$$s_A = \frac{R_2 + R_A}{R_2}s_N = \frac{0.016 + 0.05}{0.016} \times 0.024 = 0.099$$

$$n_A = n_1 - s_A n_1 = 1000 - 0.099 \times 1000 = 901\ \text{r/min}$$

串入 $0.1\ \Omega$ 电阻时

$$s_B = \frac{0.016 + 0.1}{0.016} \times 0.024 = 0.174$$

$$n_B = 1000 - 0.174 \times 1000 = 826\ \text{r/min}$$

串入 $0.2\ \Omega$ 电阻时

$$s_C = \frac{0.016 + 0.2}{0.016} \times 0.024 = 0.324$$

$$n_C = 1000 - 0.324 \times 1000 = 676\ \text{r/min}$$

（2）调速范围

$$D = \frac{n_{max}}{n_{min}} = \frac{n_N}{n_C} = \frac{976}{676} = 1.44$$

（3）最大静差率

$$\delta = \frac{n_1 - n_C}{n_1} = \frac{1000 - 676}{1000} = 0.324$$

（4）对比习题 10.1，相同调速范围时，采用转子串电阻调速时的静率为 0.324，采用变频调速异步机静差率只有 0.029，显示了变频调速的优越性。

CHAPTER 11

第 11 章

电动机的选择

重 点与难点

1. 电机运行时的发热和冷却过程定性掌握,起始值,稳态值及时间常数与哪些因素有关系。

2. 电机允许温升是按环境温度为 40℃,绝缘材料的允许温升确定的。

3. 电动机允许温升就是其绝缘材料的允许温升,负载运行时,电动机达到的最高温升等于允许温升时,其输出功率就定为电机的额定功率。同一台电机在不同工作方式或不同工作时间、不同的负载持续率时,额定功率不同。

4. 电力拖动系统中电动机一般选择包括电机种类、类型、额定电压、额定转速等。

5. 电动机额定功率的选择是满足电机温升不超过允许值,标准工作时间条件下选择电动机的额定功率 $P_N \geqslant P_L$。电动机的工作方式、标准工作时间与负载要求的不一致,或电机工作环境温度离 40℃较远时,都需进行折算和修正。

6. 电动机额定转矩的选择。

7. 电动机过载倍数与启动能力的校核。

8. 本章内容定性分析为重,定量计算为辅。

思考题解答

11.1 电机运行时温升按什么规律变化? 两台同样的电动机,在下列条件下拖动负载运行时,它们的起始温升、稳定温升是否相同? 发热时间常数是否相同?

(1) 相同的负载,但一台环境温度为一般室温,另一台为高温环境;

(2) 相同的负载,相同的环境,一台未运行,一台运行刚停下又接着运行;

(3) 相同的环境,一台半载,另一台满载;

(4) 同一个房间内,一台自然冷却,一台用冷风吹,都是满载运行。

答 电动机运行时温升按指数规律变化。

(1) $\tau_{F01} = \tau_{F02} = 0, \tau_{L1} = \tau_{L2}, T_{\theta1} = T_{\theta2}$;

(2) $0 = \tau_{F01} < \tau_{F02}, \tau_{L1} = \tau_{L2}, T_{\theta1} = T_{\theta2}$;

(3) $\tau_{F01} = \tau_{F02} = 0, \tau_{L1} < \tau_{L2}, T_{\theta1} = T_{\theta2}$;

(4) $\tau_{F01} = \tau_{F02} = 0, \tau_{L1} > \tau_{L2}, T_{\theta1} > T_{\theta2}$。

11.2 同一台电动机,如果不考虑机械强度或换向问题等,在下列条件下拖动负载运行时,为充分利用电动机,它的输出功率是否一样? 如果不一样,哪个大? 哪个小?

(1) 自然冷却,环境温度为 40℃;

(2) 强迫通风,环境温度为 40℃;

(3) 自然冷却,高温环境。

答 输出功率不一样大,"强迫通风,环境温度为 40℃"时输出功率最大,"自然冷却,高温环境"时输出功率最小。

11.3 一台电动机原绝缘材料等级为 B 级,额定功率为 P_N,若把绝缘材料改为 E 级,其额定功率如何变化?

答 额定功率减小。假设环境温度按标准 40℃规定,且电动机额定负载运行时的 η_N 不变,那么 B 级绝缘时电动机允许温升为 $\tau_{max} = 90℃$,E 级绝缘时 $\tau_{max} = 80℃$,E 级绝缘时的额定功率应为

$$P'_N = \frac{80}{90}P_N = 0.889P_N$$

11.4 一台连续工作方式的电动机额定功率为 P_N,在短时工作方式下运行时额定功率如何变化?

答 连续工作方式下电动机额定功率为 P_N,短时工作方式下可以提高为 P'_N,二者关系为

$$P_N = P'_N \sqrt{\frac{1 - e^{-\frac{t_r}{T_\theta}}}{1 + \alpha e^{-\frac{t_r}{T_\theta}}}}$$

式中,t_r 为短时工作方式的工作时间;

T_θ 为电动机发热时间常数;

α 为额定负载运行时不变损耗与可变损耗的比值,大小视电机具体情况而定。

11.5 电力拖动系统中电动机的选择主要包括哪些内容?

答 主要有:(1)电动机的种类,包括交、直流、鼠笼式、绕线式或同步电动机等大种类;也包括大类中的类型,如鼠笼式异步电动机中又包含普通鼠笼式、多速电机、高转差率电机等。(2)电动机电压等级。(3)额定转速。(4)电动机形式。(5)额定功率。(6)额定转矩。

11.6 选择电动机额定功率和额定转矩时应考虑哪些因素?

答 选择电动机额定功率和额定转矩时还要考虑过载倍数是否足够,对鼠笼式三相异步电动机还应考虑启动能力是否通过。

11.7 现有两台普通三相鼠笼式异步电动机 $FS_1\% = 15\%$,$P_{N1} = 30\,kW$ 与 $FS_2\% = 40\%$,$P_{N2} = 20\,kW$ 的电动机,哪一台实际容量大。

答 先把其中一台的负载持续率向另一台折算，再比较两台的额定功率得出结论。例如把第一台从 $FS_1\% = 15\%$ 向 $FS_2\% = 40\%$ 折算，从而得到它在 $FS_1\% = 40\%$ 时的额定功率 P'_{N1} 为

$$P'_{N1} = P_{N1} \frac{1}{\sqrt{\dfrac{FS_2}{FS_1} + \alpha\left(\dfrac{FS_2}{FS_1} - 1\right)}}$$

取 $\alpha = 0.6$，则

$$P'_{N1} = 30 \times \frac{1}{\sqrt{\dfrac{40}{15} + 0.6\left(\dfrac{40}{15} - 1\right)}} = 15.67 \text{ kW}$$

$$P'_{N1} < P_{N2} = 20 \text{ kW}$$

结论是第二台电动机的实际容量大。

11.8 选择正确答案。

(1) 电动机若周期性地工作 15 min、停歇 85 min，则工作方式应属于_____。

A. 周期断续工作方式，$FS\% = 15\%$

B. 连续工作方式

C. 短时工作方式

(2) 电动机若周期性地额定负载运行 5 min、空载运行 5 min，则工作方式属于_____。

A. 周期断续工作方式，$FS\% = 50\%$

B. 连续工作方式

C. 短时工作方式

(3) 连续工作方式的绕线式三相异步电动机运行于短时工作方式时，若工作时间极短（$t_r < 0.4T_\theta$），选择其额定功率主要考虑_____。

A. 电动机的发热与温升

B. 过载倍数与启动能力

C. 过载倍数

D. 启动能力

(4) 一绕线式三相异步电动机额定负载长期运行时,其最高温升 τ_m 等于允许温升 τ_{max}。现采用转子回路串入电阻调速方法,拖动恒转矩负载 $T_L = T_N$ 运行,若不考虑低速时散热条件恶化这个因素,那么长期运行时_____。

    A. 由于经常处于低速运行,转差功率 P_s 大,总损耗大,使得 $\tau_m > \tau_{max}$,不行

    B. 由于经常处于低速运行,转差功率 P_s 大,输出功率 P_2 变小,因而 $\tau_m < \tau_{max}$,电动机没有充分利用

    C. 由于转子电流恒定不变,$I_2 = I_{2N}$,因而正好达到 $\tau_m = \tau_{max}$

(5) 确定电动机在某一工作方式下额定功率的大小,是电动机在这种工作方式下运行时实际达到的最高温升应_____。

    A. 等于绝缘材料的允许温升

    B. 高于绝缘材料的允许温升

    C. 必须低于绝缘材料的允许温升

    D. 与绝缘材料允许温升无关

(6) 一台电动机连续工作方式额定功率为 40 kW,短时工作方式 15 min 工作时间额定功率为 P_{N1},30 min 工作时间额定功率为 P_{N2},则_____。

    A. $P_{N1} = P_{N2} = 40$ kW

    B. $P_{N1} < P_{N2} < 40$ kW

    C. $P_{N1} > P_{N2} > 40$ kW

答　(1)C;(2)A;(3)C;(4)C;(5)A;(6)C。

第 12 章

CHAPTER 12

微控电机

点与难点

1. 单相异步电动机一相绕组通电时,电机内是脉振磁通势,启动转矩为零,但已转动的电动机可以运行。

2. 单相异步电动机两相绕组通电时,两绕组空间位置不同,电流的相位不同,电机内是椭圆旋转磁通势,有启动转矩,电动机可以启动,可以运行。

3. 几种单相异步电动机。

4. 直流伺服电动机电枢控制时的机械特性与调节特性。

5. 交流伺服电动机信号电压消失后电机不自转是由于其转子电阻值很大。

6. 交流伺服电动机幅值控制、相位控制、幅值—相位控制方法及其各自特点。

7. 力矩电动机直接拖动负载运行,具有很好的机械特性、调节特性和极高的调速范围。

8. 微型同步电动机转速恒定,具有永磁式、反应式和磁滞式各种类型。

9. 反应式步进电动机一相绕组通电时的矩角特性。步进运行状态和连续运行状态。

10. 步进电动机步距角 θ、转速 n 与电机转子齿数 Z_r、脉冲频率 f、通电循环拍数 N 之间的关系

$$\theta_b = \frac{360°}{Z_r N}$$

$$n = \frac{60f}{Z_r N}$$

11. 正、余弦旋转变压器输出电压与转子转角的正、余弦关系。

12. 自整角机发送机励磁绕组通电时的磁通势：发送机三相整步绕组磁通势 $\dot{F}_F$ 在 d 轴方向，与定转子相对位置无关，与 A 轴夹角为 θ_F；接收机三相整步绕组磁通势 $\dot{F}_{FJ}$ 与 $\dot{F}_F$ 相反，$(-\dot{F}_{FJ})$ 与 A 轴夹角为 θ_F，$\dot{F}_{FJ}$ 与 $(-d)$ 轴夹角为失调角 $\theta = \theta_F - \theta_J$。这是难点也是重点。

13. 控制式自整角机输出电压 U_2 正比于失调角的正弦值。

14. 力矩式自整角机自动消除失调角，凸极结构的整步转矩比隐极结构整步转矩多了一项反应整步转矩，更灵敏。

15. 直流测速发电机应用时转速范围不要太大，负载电阻不要太小。

16. 交流测速发电机输出绕组电动势与电机转速成正比，结构采用空心杯转子，杯子材料是高电阻率的非磁性材料。

17. 本章以理解各种微控电机原理为主，掌握各自的特点，只有步进电机有简单的计算。

 考题解答

12.1 填空。

(1) 单相异步电动机若无启动绕组，通电启动时，启动转矩

_____，_____启动。

(2) 定子绕组Y接法的三相异步电动机轻载运行时,若一相引出线突然断掉,电机_____继续运行。若停下来后,再重新启动运行,电机_____。

(3) 改变电容分相式单相异步电动机转向的方法是_____。

答 (1) 为零,不能;

(2) 能够,不能启动;

(3) 把主绕组或副绕组中任何一个绕组接电源的两出线端对调。

12.2 罩极式单相异步电动机的转向如何确定?该种电机主要优缺点是什么?

答 由磁极未罩部分向磁极被罩部分方向旋转。罩极式单相异步电动机主要优点是结构简单,最大的缺点是启动转矩小。

12.3 直流伺服电动机为什么有始动电压?与负载的大小有什么关系?

答 直流伺服电动机拖动负载运行,控制电压必须高于始动电压才能产生转矩拖动负载,控制电压低于始动电压时电机转不起来。负载转矩越大,始动电压越大。

12.4 交流伺服电动机控制信号降到零后,为什么转速为零而不继续旋转?

答 交流伺服电动机转子回路电阻值很大,使其在控制信号消失后,电动机内脉振磁通势作用下产生的电磁转矩总是制动性质的,因而不能继续旋转。

12.5 幅值控制的交流伺服电动机在什么条件下电机磁通势为圆形旋转磁通势?

答 有效信号系数 $\alpha = 1$ 时电机磁通势为圆形旋转磁通势。

12.6 交流伺服电动机额定频率为 400 Hz,调速范围却只有

0～4000 r/min,为什么?

答 交流伺服电动机调节特性为非线性,只有在转速标幺值较小的范围内才近似为线性,因此为尽量使其运行于 n 小的地方以保证伺服性能,采用 400 Hz 电源提高其同步转速。

12.7 力矩电动机与一般伺服电动机主要不同点是什么?

答 伺服电动机的转子转速和转向随信号电压的大小和方向而变,即具有很好的伺服性能,但输出的转矩不太大。力矩电动机集伺服电动机和驱动电动机二者的性能,既受控制信号电压控制进行转速调节,又能输出较大的转矩,特别是可以在很低的转速下运行,性能很好。其结构外形表现为轴向短,径向长。

12.8 各种微型同步电动机转速与负载大小有关吗?

答 转速恒为同步转速,与负载大小无关。

12.9 反应式微型同步电动机的反应转矩是怎样产生的? 一般异步电动机有无反应转矩? 为什么?

答 反应式微型同步电动机的反应转矩是由于转子磁路有纵轴、横轴之分而产生的。纵轴与横轴磁阻相差较多,这种磁路不对称使转子在旋转磁场中受到与旋转磁场同方向的转矩,因而可以转动,这就是反应转矩。而一般异步电动机转子磁路对称,没有纵、横轴之分,也就不会有反应转矩。

12.10 磁滞式同步电动机的磁滞转矩为什么在启动过程中始终为一常数?

答 磁滞转矩的产生是由于转子材料为硬磁材料,磁滞现象严重,在受到旋转磁化时,其磁通势滞后于外磁通势一个空间角 θ_C(称为磁滞角)。由于 θ_C 的存在产生的转矩,称为磁滞转矩。在电机启动过程中,转子始终受到旋转磁化,θ_C 始终存在,且其大小是由转子材料所确定的,与旋转磁化的旋转速度无关,故磁滞转矩也是常数。只有启动过程结束,转子变成永久磁铁,不存在旋转磁化后,θ_C 才不存在了。

12.11 磁滞式同步电动机主要优点是什么？

答 有启动转矩，不必为启动再增加启动绕组。

12.12 下列电动机中哪些应装鼠笼绕组：

(1) 普通永磁式同步电动机；

(2) 反应式微型同步电动机；

(3) 磁滞式同步电动机。

答 (1)和(2)两种应装鼠笼绕组。

12.13 如何改变永磁式同步电动机的转向？

答 改变电源相序，即对调三个出线端的任意两个，即可改变旋转方向。

12.14 三相反应式步进电动机为 A—B—C—A 送电方式时，电动机顺时针旋转，步距角为 1.5°，请填入正确答案：

(1) 顺时针转，步距角为 0.75°，送电方式应为_____；

(2) 逆时针转，步距角为 0.75°，送电方式应为_____；

(3) 逆时针转，步距角为 1.5°，送电方式可以是_____，也可以是_____。

答 (1) A—AB—B—BC—C—CA—A；

(2) A—AC—C—CB—B—BA—A；

(3) C—B—A—C， CB—BA—AC—CB。

12.15 步进电动机转速的高低与负载大小有关系吗？

答 无关。

12.16 五相十极反应式步进电动机为 A—B—C—D—E—A 通电方式时，电动机顺时针转，步距角为 1°，若通电方式为 A—AB—B—BC—C—CD—D—DE—E—EA—A，其转向及步距角怎样？

答 电动机转向仍为顺时针，步距角为 0.5°。

12.17 自整角变压器输出绕组（即接收机的励磁绕组），如果不摆在横轴位置上而摆在纵轴位置上，其输出电压 U_2 与失调角之间是什么关系?

答　是余弦关系,即 $U_2 = E_{2m}\cos\theta$。

12.18　自整角变压器的比电压是大些好还是小些好?

答　自整角变压器的比电压是 $\theta=1°$ 时输出的电压值,比电压越大,系统工作越灵敏,越好。

12.19　力矩式自整角机为什么大多采用凸极结构型式?而自整角变压器为什么采用隐极结构型式?整步转矩方向与失调角有什么关系?

答　力矩式自整角机整步转矩主要是由失调角造成的,如果采用凸极结构,还有反应转矩,这样凸极结构的力矩式自整角机的比整步转矩较大,增加了系统的灵敏度。自整角变压器输出量要求与失调角的关系为正弦函数关系,其前提是励磁绕组产生的空间磁通势为空间正弦分布。因此磁路要求对称,气隙要均匀,只能采取隐极结构。

12.20　交流测速发电机的输出绕组移到与励磁绕组相同的位置上,输出电压与转速有什么关系?

答　交流测速发电机运行时,励磁绕组轴向上是一个脉振磁通势,其大小与电动机转速无关,而只由励磁绕组所加的电压大小而定。输出绕组若移到励磁绕组轴上,其感应电动势就像变压器的二次侧一样,与电动机转速无关,不能成为测速发电机。

　题解答

12.1　步距角为 $1.5°/0.75°$ 的反应式三相六极步进电动机转子有多少齿?若频率为 2000 Hz,电动机转速是多少?

解　$\theta_b = \dfrac{360°}{Z_r N}$

$$Z_r = \frac{360°}{\theta_b N} = \frac{360°}{1.5° \times 3} = 80$$

$N=3$ 时转速

$$n_1 = \frac{60f}{Z_r N} = \frac{60 \times 2000}{80 \times 3} = 500 \text{ r/min}$$

$N=6$ 时转速

$$n_2 = 250 \text{ r/min}$$

12.2 六相十二极反应式步进电动机步距角为 $1.2°/0.6°$,求每极下转子的齿数。负载启动时频率是 800 Hz,电动机启动转速是多少?

解 电动机齿数

$$Z_r = \frac{360°}{\theta_b N} = \frac{360°}{1.2° \times 6} = 50$$

每极下齿数

$$Z = \frac{Z_r}{12} = 4\frac{1}{6}$$

$N=6$ 启动时转速

$$n_1 = \frac{60f}{Z_r N} = \frac{60 \times 800}{50 \times 6} = 160 \text{ r/min}$$

$N=12$ 启动时转速

$$n_2 = 80 \text{ r/min}$$